KB182130

MILK TEA

사계절 밀크티 시간

나만의 홈카페
밀크티와 티푸드로 즐기는

시대인

나른한 오후 두 시,
밀크티 한 잔 어떠세요?

프롤로그

prologue

커피를 잘 마시지 못했던 학창 시절, 친구들과 카페에 가면 혼자 커피가 아닌 다른 음료를 주문하곤 했습니다. 어른스럽게 커피를 마시는 친구들을 부러운 시선으로 바라보기만 했었죠. 그렇게 만난 홍차는 제게 새로운 세상을 열어주었습니다.

꽃 향, 과일 향 등 다양한 홍차를 마시면서 그 매력에 푹 빠지게 되었습니다. 그러다 홍차에 우유를 넣은 밀크티를 처음 맛보았을 때는 홍차와는 또 다른 매력에 신선한 충격을 받았습니다. 아직도 그때 마셨던 따뜻한 밀크티의 맛이 입안에 생생하게 느껴지는 것만 같습니다.

차를 즐겨 마시게 되면서 차에 대해 더 알고 싶다는 갈망이 생겼습니다. 차를 더 깊이 공부하고, 더 맛있게 차를 즐길 수 있는 방법을 찾다 보니 어느덧 카페 메뉴를 개발하고 교육하는 일을 하게 되었습니다. 지금은 클래스를 통해 카페를 운영하시거나 창업하시려는 분들을 만나고, 차를 사용한 다양한 음료들을 소개해 드리면서 즐거움을 느끼고 있습니다.

차에 대한 관심은 점점 커지고 있고, 많은 카페에서 차 음료를 주력 메뉴로 내세우고 있습니다. 그만큼 소비자들 또한 다양한 맛의 차를 접하면서 홈카페를 즐기고자 하는 분들이 늘어나고 있습니다.

하지만 제가 학창 시절에 마셨던 밀크티는 지금 많은 카페에서 선보이는 밀크티와는 전혀 다른 느낌과 맛이었습니다. 그때 마셨던 밀크티를 많은 분들에게 소개해 드리면 어떨까 생각하던 때에 홈카페를 즐기는 분들을 위한 밀크티 책의 출간 제의를 받았습니다.

그렇게 탄생하게 된 '사계절 밀크티 시간'은 다양한 밀크티와 밀크티로 만든 티푸드를 집에서도 쉽게 만들어 볼 수 있도록 구성했습니다. 카페에서 맛볼 수 있는, 또 쉽게 접해보지 못했던 밀크티와 티푸드를 집에서 가족 또는 친구들과 함께 마음껏 즐길 수 있도록 소개할 수 있어서 정말로 뜻깊으면서도 설레기까지 합니다.

이 책은 홈카페에 대한 관심만 있다면 누구나 쉽게 따라 만드실 수 있도록 소개하였으니 여러분도 저와 함께 밀크티를 만들고 맛보는 즐거움을 느끼시기를 바랍니다.

마지막으로 저의 첫 책이 세상에 나올 수 있도록 좋은 기회를 주신 시대인 출판사와, 특히 옆에서 아낌없이 응원해준 가족들에게 쑥스럽지만 감사함을 전해봅니다. 그리고 책을 준비하는 동안 아파도 옆에서 큰 힘을 줬던, 지금은 별이 된 몽이에게 이 책을 바칩니다.

릴리안스 _ 이주현

목차

contents

Part 1

밀크티 기초

Part 2

밀크티 레시피

가을 *Fall*

겨울 *Winter*

Part 3

티푸드 레시피

밀크티 이야기

about milk tea

홍차에 우유를 블렌딩한 밀크티milk tea는 이제 어디서나 흔하게 접할 수 있는 메뉴가 되었습니다. 밀크티를 만드는 방법에는 따뜻하게 우린 홍차에 우유와 설탕 등을 넣어 만드는 방법, 우유와 홍차를 함께 끓여 만드는 방법 등 여러 가지가 있습니다.

밀크티의 기원에는 다양한 가설이 있을 뿐 정확하게 알 수는 없지만, 여러 나라에서 다양한 형태로 차와 유제품을 혼합해서 마시는 문화가 생겨났고 그것이 지금의 밀크티로 발전하게 되었다고 추측하고 있습니다. 몽골과 티베트에서는 환경 조건과 영양 보충 때문에 소와 양의 젖에 차와 버터를 넣어 마시는 식문화가 생겨났고, 영국 등 유럽에서는 중국을 통해 들어온 차를 더 부드럽게 마시기 위해 우유를 넣게 된 것이 대중적인 차 음료로 자리 잡게 되었습니다. 영국의 밀크티가 인도로 전해지면서 비싼 찻잎을 적은 양만 사용해도 진하게 마실 수 있도록 우유와 찻잎, 향신료를 함께 오랫동안 끓여서 만든 것이 바로 차이 밀크티입니다. 이 인도의 차이 밀크티가 덥고 습한 기후의 동남아시아 여러 국가로 전해지면서 쉽게 상하는 우유 대신 연유를 넣고, 더운 열기를 식힐 수 있도록 얼음을 넣어 차갑게 마시는 밀크티로 발전했다고 합니다. 한국에서는 영국의 홍차 문화가 도입되면서 밀크티를 즐기기 시작했고, 해외 여행자들이 많아지면서 자연스럽게 여러 나라의 밀크티를 접할 수 있게 되었습니다.

이렇게 밀크티는 오랜 시간 동안 많은 나라에서, 또 많은 사람에게 사랑을 받으며 전해져왔습니다. 이제 여러분께 집에서도 쉽고 다양한 방법으로 만들어 마실 수 있는 밀크티를 소개해 드리려고 합니다. 여러분도 밀크티와 사랑에 빠질 준비가 되셨나요?

일러두기

note

- 이 책에서 사용된 도구 및 재료는 도구명 또는 재료명을 검색하면 쉽게 구입하실 수 있습니다.
- 'Part2. 밀크티 레시피'에서 소개하는 음료의 재료와 분량은 1잔 기준입니다. 재료의 분량은 잔의 크기나 취향에 따라 적절하게 조절해서 사용합니다.
- 'Part2. 밀크티 레시피'에서 사용된 청 · 소스 · 시럽 등의 재료는 '밀크티 베이스 레시피(p.32)'를 참고하여 미리 만들어둡니다.
- '밀크티 기본 레시피(p.44)'에서는 이 책에 수록된 밀크티를 만드는 방식에 따라 분류하여 여섯 가지 기본 레시피를 소개합니다. 응용 밀크티를 만들기 전에 원하는 재료를 가지고 따라 만들어 보면서 방법을 숙지하는 것이 좋습니다.
- 'Part2. 밀크티 레시피' 중 '벚꽃 라떼(p.58)', '쑥 라떼(p.60)', '캐모마일 허니 라떼(p.62)'는 카페인이 없는 음료이므로 어린이 또는 카페인에 취약하신 분들도 부담없이 드실 수 있습니다.

맛있는 밀크티를 위한 TIP

special tip

- 찻잎은 한번 개봉하면 향미가 점점 떨어지므로 소량으로 포장된 제품을 구입하는 것이 좋습니다. 또한 빛과 습기에 취약하기 때문에 밀폐 용기에 담아 빛이 들지 않는 서늘하고 건조한 곳에 보관하고 가급적 빨리 소진합니다.

- 밀크티에 사용되는 찻잎은 물에 우렸을 때 진한 맛이 나는 것을 사용하는 것이 좋습니다. 차가 우유와 섞이면 차의 맛과 향이 우유에 가려질 수 있기 때문입니다. 여러 종류의 차를 뜨거운 물에 우려 마시면서 테스트해 보는 것도 좋습니다.

- 찻잎의 크기에 따라 차를 우리는 속도와 맛의 농도가 달라집니다. 같은 조건이더라도 찻잎이 작을수록 차가 더 빠르고 진하게 우러나기 때문에 찻잎이 너무 클 경우 살짝 부숴서 사용하면 조금 더 진한 차 맛을 낼 수 있습니다. 그러나 너무 잘게 부서진 찻잎을 사용하면 체에 잘 걸러지지 않고 침전물로 남아 밀크티의 맛을 해칠 수 있으니 주의합니다.

- 잘게 부서진 찻잎으로 만드는 티백 차는 찻잎의 형태가 온전한 홀리프(Whole Leaf) 찻잎보다 차가 더 빠르고 진하게 우러납니다. 따라서 홀리프 찻잎을 티백으로 대체하는 경우에는 양을 반 정도로 줄여서 사용하고, 반대로 티백을 홀리프 찻잎으로 대체하는 경우에는 양을 2배로 늘려서 사용합니다.

• 찻잎을 우유 또는 물과 함께 끓여서 밀크티를 만드는 경우 끓이면서 차의 맛과 향이 충분히 우러나오기 때문에 짧은 시간 동안만 우리거나 경우에 따라서는 우리지 않습니다. 우리는 과정이 있을 경우 너무 오랫동안 우리면 찻잎에서 떫고 쓴맛이 많이 우러나와 밀크티의 맛을 해칠 수 있으니 주의합니다.

• 끓여서 만든 밀크티는 실온에서 완전히 식힌 뒤 냉장 보관하면 시원하게 마실 수 있습니다. 그런데 식히는 과정에서 우유의 단백질이 응고되면서 표면에 얇은 막이 생기는데, 이 막은 밀크티를 마실 때 입안의 느낌을 좋지 않게 만들기 때문에 제거하는 것이 좋습니다. 밀크티가 뜨거울 때 막을 제거하면 식으면서 다시 생길 수 있으니 완전히 식힌 뒤 제거합니다.

• 밀크티에 얼음을 넣어 마시는 경우 크고 단단하게 얼린 얼음을 사용해야 다 마실 때까지 밀크티의 진한 맛을 즐길 수 있습니다. 너무 작거나 얼린 지 얼마 되지 않은 얼음을 사용할 경우 금방 녹아버려서 밀크티를 밍밍하게 만듭니다.

• 티푸드에 사용되는 밀크티는 맛과 향이 진한 것을 사용해야 다른 재료와 섞였을 때에도 밀크티의 맛이 잘 느껴집니다. 따라서 찻잎을 우리기만 해서 만들거나 시럽 · 가루 형태의 차를 우유에 섞어서 만든 밀크티보다 찻잎을 우유 또는 물과 함께 끓여서 만든 밀크티를 사용하는 것이 좋습니다.

Part 1

밀크티 기초

밀크티를 만들기 위해 알아두어야 할 기초를 소개해요. 밀크티 도구와 재료, 밀크티의 맛을 더욱 다양하게 만들어 주는 베이스 레시피와 밀크티를 만드는 여섯 가지 방식을 배워 보아요.

도구와 재료

tools and ingredients

밀크티를 만들 때 필요한
도구와 재료를 소개해요.
맛있는 밀크티를 만들도록
도와주는 여러 가지 도구들과
다양한 맛을 내는 차와 허브 등의
재료까지 차근차근 살펴보아요.

× 도구 ×

tools

① **전자저울**

1g 단위까지 측량되는 저울로, 비교적 무게가 많이 나가는 재료를 측량할 때 사용합니다.

② **미량계**

0.01g 단위까지 측량되는 저울로, 찻잎처럼 가벼운 재료의 무게를 측량할 때 사용합니다.

③ **계량스푼**

적은 양의 액체 재료나 가루 재료를 계량할 때 사용합니다. 일반적으로 1Ts(테이블스푼)은 15ml이고, 1ts(티스푼)은 5ml입니다.

④ **계량컵**

비교적 많은 양의 액체 재료를 계량할 때 사용합니다.

⑤ **전기포트**

찻잎을 우리는 등 뜨거운 물을 사용할 때 물을 빠르게 끓일 수 있어 편리합니다.

⑥ **밀크팬**

우유에 찻잎을 넣고 끓이거나 시럽, 소스 등을 만들 때 사용하는 팬입니다. 일반 냄비보다 바닥이 얇아 열전도율이 높기 때문에 재료의 맛과 향을 잘 유지하며 끓일 수 있고 우유가 잘 눌어붙지 않습니다.

⑦ **내열주걱**

뜨거운 액체 재료를 저어야 할 때는 열을 견딜 수 있는 내열주걱을 사용하는 것이 안전합니다.

⑧ 타이머

뜨거운 물이나 우유에 찻잎을 우릴 때 너무 오랫동안 우리면 차에서 쓴맛이나 떫은맛 등 좋지 않은 맛과 향이 추출될 수 있기 때문에 타이머를 사용해서 적당히 우립니다.

⑨ 티스트레이너

찻잎을 우린 뒤 찻잎을 거를 때 사용하는 체입니다.

⑩ 티백스퀴저

티백을 우린 뒤 티백이 머금고 있는 차를 가볍게 짤 때 사용합니다.

⑪ 찻사발(다완)과 차선(다선)

분말차를 물에 풀어 거품을 낼 때 사용합니다. 차를 담는 그릇을 찻사발(다완)이라 하고, 대나무로 만든 거품을 내는 도구를 차선(다선)이라고 합니다.

⑫ 머들러(롱스푼)

액체 재료를 골고루 섞을 때 사용합니다.

⑬ 전동거품기

우유 거품을 내거나 적은 양의 생크림을 휘핑할 때 사용합니다. 저는 다이소 미니 전동거품기를 사용했습니다. 많은 양의 생크림을 휘핑할 때는 핸드믹서를 사용하는 것이 좋습니다.

⑭ 믹싱컵

우유 또는 생크림의 거품을 내거나 액체 재료를 섞을 때 사용합니다. 거품을 낼 때는 액체의 양보다 3배 정도 큰 믹싱컵을 사용해야 거품이 넘치지 않습니다.

재료

ingredient

기문홍차

세계 3대 홍차 중의 하나로, 중국의 안후이성에서 생산되며 가볍고 달콤한 초콜릿 향이 나는 것으로 유명합니다. 기문홍차만의 독특한 향과 은은하고 부드러운 맛은 달콤한 밀크티를 만들기에 좋습니다.

아쌈 CTC

인도의 아쌈 지역에서 생산되며 달콤한 꿀 향과 묵직한 몰트 향, 스파이시한 향이 조화롭게 어우러져 밀크티의 대표적인 홍차로 자리매김하고 있습니다. CTC 공법*으로 가공했기 때문에 차가 단시간에 진하게 우러납니다.

*CTC 공법 : 'Crush Tear Curl'의 약자로, 잘게 찢은 찻잎을 돌돌 말거나 비틀어서 마무리하는 공법

호지차

녹찻잎을 볶아서 만든 차로 맛이 고소하고 훈연 향이 진하며, 쓴맛이나 떫은맛이 거의 없어 구수한 맛의 밀크티를 만들기에 적합합니다. 일본차이지만 최근에는 국내에서도 생산되어 쉽게 구할 수 있습니다.

우롱차

녹차와 홍차의 중간 정도의 산화를 거쳐 만들었고, 과일 향과 꽃 향부터 코코아나 커피같이 묵직한 향이 나는 것까지 다양하여 밀크티의 맛을 더욱 풍부하게 만듭니다. 밀크티에 사용하는 우롱차는 산화*와 홍배*를 강하게 해서 진한 맛이 나는 것을 사용합니다.

*산화 : 찻잎 가공과정에서 폴리페놀 성분이 산화효소를 만나 다른 성분으로 변화하는 것으로 찻잎의 맛과 향을 결정하는 중요한 요인

*홍배 : 완성된 찻잎에 열을 가해 맛과 향이 오래 보존되도록 만드는 것

잉글리쉬 블랙퍼스트

영국 전통의 아침 전용 홍차로, 맛과 향이 강한 다양한 지역의 홍차를 블렌딩해서 만들었습니다. 맛과 향이 진하기 때문에 아침을 깨우기에 좋고, 홍차의 풍미가 짙은 밀크티를 만들기에 적합합니다.

마롱홍차

스리랑카 고원지대의 찻잎을 가공해서 블렌딩한 홍차에 밤 향을 입힌 가향홍차입니다. 구수하고 은은한 달콤함이 느껴지는 홍차로 따뜻한 밀크티를 만들기 좋습니다.

레이디 그레이

영국 백작 부인인 메리 엘리자베스 그레이의 이름을 따서 만든 홍차로, 얼그레이보다 부드러운 맛을 지녀 홍차 입문자들도 부담 없이 즐길 수 있습니다. 중국홍차에 오렌지와 레몬껍질, 수레국화를 넣어 상큼하고 부드러운 맛이 나며, 다른 허브나 꽃 향이 나는 재료를 함께 넣어 부드럽고 향긋한 밀크티를 만들기에 좋습니다.

말차가루

찻잎을 수확한 뒤 증기로 쪄서 찻잎을 말리고 맷돌로 곱게 갈아 만든 분말차입니다. 녹차가루와는 맛과 향, 입자가 다르고 더욱 진해서 우유에 넣어도 차 맛을 진하게 느낄 수 있습니다. 또한 찻잎을 우려내는 것이 아니라 그대로 마시기 때문에 좋은 성분을 더 많이 섭취할 수 있습니다.

쑥차가루

혈액 순환에 도움이 되는 여린 쑥의 잎을 건조해서 곱게 갈아 만든 분말차입니다. 말차가루 대용으로 사용해도 좋고, 말차가루보다 쓴맛이 덜해서 순한 맛의 밀크티를 만들기 좋습니다.

비트가루

유럽 남부 지중해가 원산지인 레드비트는 고대 로마시대부터 식용으로 사용했으며 자생력이 강한 식물입니다. 최근에 건강식품으로 소개되면서 분말형태의 비트가루가 음료의 재료로 사용되고 있으며, 밀크티의 색을 더욱 예쁘게 만들어 줍니다.

로즈플라워 허브티

로즈플라워는 우아한 향기로 긴장을 풀어주며 피부미용에도 좋은 허브로 알려져 있습니다. 하루를 화사하게 보내고 싶을 때 장미 향이 은은하게 퍼지는 밀크티를 만들어 마시면 좋습니다.

라벤더 허브티

라벤더는 라틴어의 '씻다'라는 뜻에서 유래된 만큼 오래전부터 목욕제로 사용되었습니다. 살균 및 항균 작용을 하고 불안, 긴장, 초조함을 진정시켜 편안한 수면에 도움을 줍니다.

로즈메리 허브티

유럽의 해안에서 많이 서식하는 로즈메리는 '바다 물방울'이라는 학명을 가지고 있습니다. 몸의 활력을 증진시키고 기억력과 사고능력을 향상시키는 데 도움을 준다고 해서 '회춘허브'라고도 불립니다.

민트 허브티

민트는 소화불량이나 위의 울렁거림을 진정시키는 데에 좋은 허브입니다. 상쾌한 향을 지니고 있어 기분을 전환하고 싶을 때 밀크티에 넣어 만들면 좋습니다.

FINELY SELECTED SPECIALITY
Greenfield
BLACK TEA
CHOCOLATE TOFFEE

FINELY SELECTED SPECIALITY
Greenfield
BLACK TEA
CHRISTMAS MYSTERY

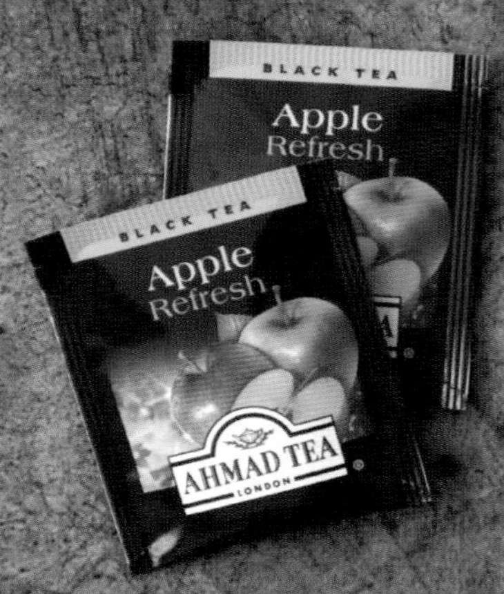
BLACK TEA
Apple
Refresh
AHMAD TEA
LONDON

Mlesna
BLUEBERRY
TEA
An Exotic Tea

TEAZEN
PASSION FOR GOOD TEA
100세 시대 청춘비법
우엉차
Burdock Tea
www.teazenmall.com

TWININGS
OF LONDON
PREPARATION SUGGESTION

가향홍차 티백

홍차에 다양한 향을 입혀 홍차의 맛과 향을 더욱 풍부하게 만든 가향홍차 티백입니다. 취향에 맞는 가향홍차를 사용해서 특별한 밀크티를 만들 수 있습니다. 이 책에서는 초콜릿홍차, 크리스마스(시나몬)홍차, 사과홍차, 블루베리홍차 티백을 사용했습니다.

우엉차 티백

우엉을 찌고 말려서 만든 차로 사포닌이 풍부한 허브입니다. 구수한 맛의 밀크티를 만들고 싶을 때 사용하면 좋습니다.

캐모마일 티백

'땅에서 나는 사과'라는 뜻을 가진 허브로, 몸을 따뜻하게 하고 심신의 피로를 풀어주며 소화를 촉진시키는 효과가 있다고 알려져 있습니다. 달콤한 꽃 향이 나서 마음을 차분하게 만들어 주기 때문에 일과를 마치고 저녁에 마시는 밀크티를 만들기에 좋습니다.

흰 우유

밀크티의 주재료인 우유입니다. 유지방함량이 높은 우유로 밀크티를 만들면 부드럽고 고소한 맛이 나고, 유지방함량이 적거나 없는 우유는 더욱 담백한 맛이 납니다. 이 책에서는 일반적인 지방함량(3.6%)의 우유를 사용했습니다.

호두땅콩두유

우유를 마시면 배가 아프거나 소화하기 어려운 분들은 우유 대신 두유를 사용하는 것이 좋습니다. 특히 고소한 맛의 밀크티를 만들고 싶을 때 호두와 땅콩이 함유된 두유를 사용하면 진하고 고소한 맛이 배가됩니다.

아몬드밀크

아몬드밀크는 일반 우유보다 칼로리가 적어 우유 대신 사용하면 칼로리 부담 없는 밀크티를 만들 수 있습니다.

밀크티의 맛을 다채롭게 만드는
베이스 레시피를 소개해요.
과일, 허브 등의 다양한 재료로
밀크티 베이스를 만들어 두면
보관하기도 용이할 뿐만 아니라
간편하게 밀크티를 만들 수 있어요.

아쌈 우유

망고 밀크티(p.70) / 메이플 우엉 밀크티(p.80) / 흑당 밀크티(p.84) /
라즈베리 화이트 벨벳(p.92) / 또우화(p.138)

재료

아쌈 CTC 5g
우유 250ml

만드는 법

1 밀크팬에 찻잎과 우유를 넣고 찻잎이 충분히 적셔지도록 골고루 젓습니다.

2 1번을 약한 불에 올려 밀크팬 가장자리에 작은 기포가 생기고 찻잎이 펼쳐질 때까지 살짝 끓인 뒤 불을 끄고 5분간 우립니다.

tip 우유를 너무 뜨겁게 끓이면 식으면서 얇은 막이 생겨서 밀크티를 마실 때 입안의 느낌을 좋지 않게 만들기 때문에 따뜻할 정도로만 끓입니다.

3-1 우려낸 찻잎을 체에 거르고 밀크티를 잔에 부어 마십니다.

3-2 우려낸 찻잎을 체에 거르고 밀크티를 병에 부어 실온에서 완전히 식힌 뒤 냉장 보관합니다.

망고청

망고 밀크티(p.70) / 망고 말차 라떼(p.72)

재료

망고 1개
설탕 200g

만드는 법

1 망고의 씨를 발라내고 과육을 2cm 정도 크기로 자릅니다.

2 블렌더 용기에 자른 망고와 설탕을 넣고 뚜껑을 닫은 뒤 흔들어 섞습니다.

3 블렌더에 곱게 갈아 망고청을 만듭니다.

4 열탕 소독한 유리 밀폐 용기에 망고청을 담아 설탕이 녹을 때까지 실온에 30분~1시간 정도 두었다가 냉장 보관합니다.

tip 유리 용기를 열탕 소독하려면 냄비에 유리 용기 입구가 아래로 가도록 세워 넣고 찬물을 유리 용기가 반 정도 잠기게 부어 팔팔 끓이면 됩니다. 소독한 유리 용기는 입구가 위로 가도록 놓고 자연 건조합니다.

1

2

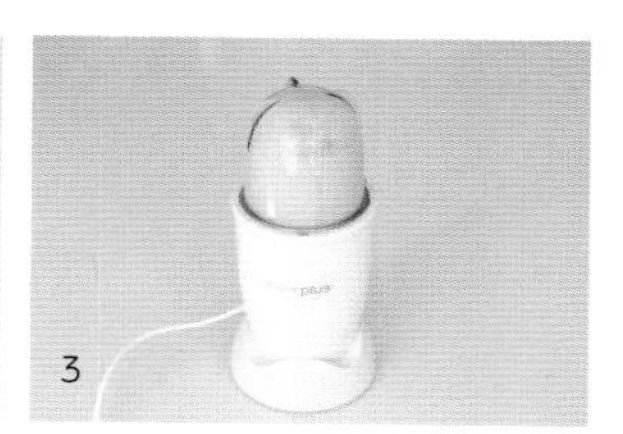
3

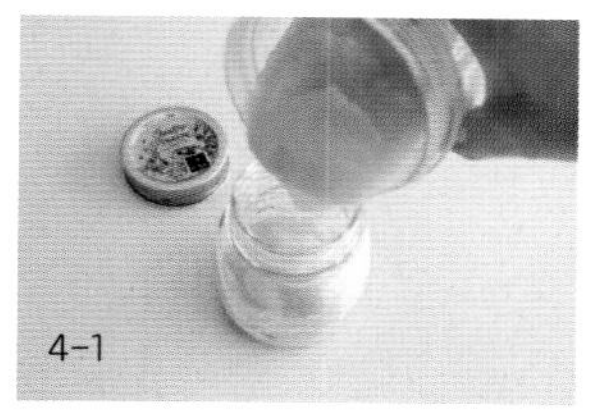
4-1

4-2

유자청

굿모닝 유주 밀크티(p.94)

재료

유자 2개
설탕(유자 전처리 후 유자의 1/2 분량)
꿀(유자 전처리 후 유자의 1/2 분량)

만드는 법

1 유자를 깨끗하게 세척한 뒤 껍질과 과육을 분리하고 씨를 제거합니다.
2 유자 껍질은 가늘게 채 썰고 과육은 설탕과 함께 블렌더에 넣어 곱게 갑니다.
3 볼에 채 썬 유자 껍질, 곱게 간 과육, 꿀을 넣고 골고루 버무린 뒤 열탕 소독한 유리 밀폐 용기에 담습니다.

tip 유리 용기를 열탕 소독하는 방법은 35페이지를 참고합니다.

4 하루 정도 실온에 두었다가 냉장 보관합니다.
5 설탕이 다 녹고 유자 껍질의 숨이 죽으면 사용합니다.

블루베리소스 & 라즈베리소스

블루베리 밀크티(p.74) / 라즈베리 화이트 벨벳(p.92)

재료

[블루베리소스]
냉동 블루베리 100g
설탕 50g
카시스 리큐르 5g

[라즈베리소스]
냉동 라즈베리 100g
설탕 50g
라즈베리 리큐르 5g

만드는 법

1 볼에 냉동 과일과 설탕을 넣고 골고루 버무린 뒤 과일즙이 나와 설탕을 충분히 적실 때까지 절여둡니다.
2 밀크팬에 넣고 약한 불에 올려 설탕이 녹을 때까지 저으면서 끓입니다.
3 불을 끄고 리큐르를 넣은 뒤 골고루 저으면서 알코올 성분을 날립니다.
4 밀크팬에 뚜껑을 덮거나 랩을 씌워 실온에서 완전히 식힙니다.
5 과일소스를 열탕 소독한 유리 밀폐 용기에 담아 냉장 보관합니다.

tip 유리 용기를 열탕 소독하는 방법은 35페이지를 참고합니다.

1-1

1-2

2

3

4

5

벚꽃 라떼(p.58)

재료

비트가루 10g
설탕 50g
뜨거운 물 100ml

만드는 법

1 내열 용기에 비트가루와 설탕, 95~100℃의 뜨거운 물을 넣고 설탕이 녹을 때까지 골고루 젓습니다.

tip 비트가루 대신 딸기가루나 복분자가루를 넣어도 붉은색의 시럽을 만들 수 있습니다.

2 설탕이 다 녹으면 실온에서 완전히 식힌 뒤 열탕 소독한 유리 밀폐 용기에 담아 냉장 보관합니다.

tip 유리 용기를 열탕 소독하는 방법은 35페이지를 참고합니다.

생강시럽

로즈메리 진저 우롱 밀크티(p.86)

재료

생강 2쪽
설탕 100g
물 100ml

만드는 법

1 생강의 껍질을 제거하고 얇게 슬라이스한 뒤 찬물에 10분 정도 담가 전분을 제거합니다.
2 밀크팬에 설탕과 물을 넣고 골고루 저은 뒤 약한 불에 올려 설탕이 녹을 때까지 끓입니다.
3 찬물에 담가둔 생강을 건져 밀크팬에 넣고 1분 정도 더 끓입니다.
4 불을 끄고 밀크팬에 뚜껑을 덮거나 랩을 씌워 실온에서 완전히 식힙니다.
5 생강을 체에 거르고 생강시럽을 열탕 소독한 유리 밀폐 용기에 담아 냉장 보관합니다.

tip 유리 용기를 열탕 소독하는 방법은 35페이지를 참고합니다.

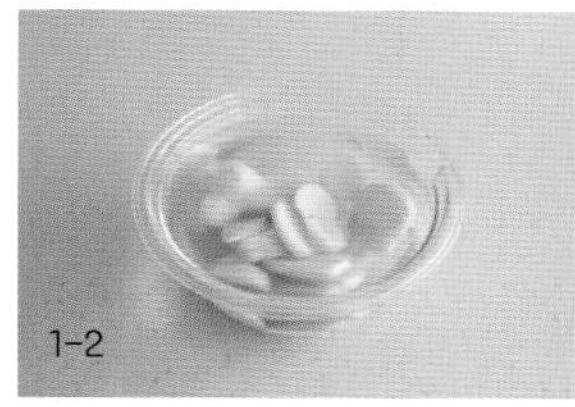

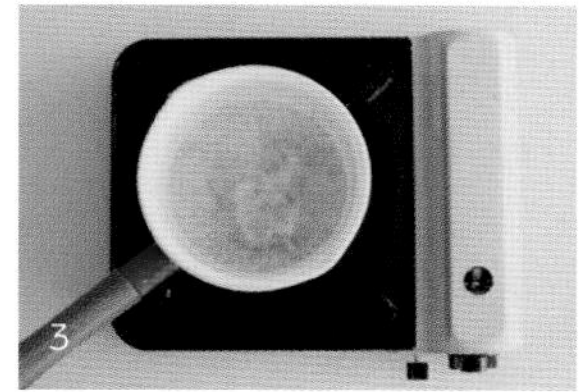

장미시럽 & 라벤더시럽 & 애플민트시럽

애플 로즈 밀크티(p.82) / 런던포그 밀크티(p.68) / 애플민트 밀크티(p.76)

재료

[장미시럽]	[라벤더시럽]	[애플민트시럽]
로즈플라워 허브티 3g	라벤더 허브티 2g	다진 생 애플민트 2줄기
설탕 100g	설탕 100g	설탕 100g
물 100ml	물 100ml	물 100ml

만드는 법

1 밀크팬에 설탕과 물을 넣고 골고루 저은 뒤 약한 불에 올려 설탕이 녹을 때까지 끓입니다.

2 불을 끄고 허브티를 넣어 골고루 젓습니다.

3 밀크팬에 뚜껑을 덮거나 랩을 씌워 실온에서 완전히 식힙니다.

4 허브티를 체에 거르고 주걱으로 가볍게 눌러 허브티가 머금은 시럽을 짭니다.

5 허브시럽을 열탕 소독한 유리 밀폐 용기에 담아 냉장 보관합니다.

tip 유리 용기를 열탕 소독하는 방법은 35페이지를 참고합니다.

흑설탕시럽

흑당 밀크티(p.84) / 또우화(p.138)

재료

흑설탕 150g
물 100ml

만드는 법

1 밀크팬에 흑설탕과 물을 넣고 골고루 젓습니다.
2 1번을 약한 불에 올려 설탕이 녹을 때까지 끓입니다.
3 불을 끄고 밀크팬에 뚜껑을 덮거나 랩을 씌워 실온에서 완전히 식힌 뒤 열탕 소독한 유리 밀폐 용기에 담아 냉장 보관합니다.

tip 유리 용기를 열탕 소독하는 방법은 35페이지를 참고합니다.

잉글리쉬 블랙퍼스트시럽

애플민트 밀크티(p.76) / 굿모닝 유주 밀크티(p.94)

재료

잉글리쉬 블랙퍼스트 10g
물 150ml
설탕 100g

만드는 법

1 냄비에 찻잎과 물을 넣고 찻잎이 충분히 적셔지도록 골고루 젓습니다.
2 1번을 약한 불에 올려 큰 기포가 부글부글 끓어오르면 불을 끕니다.
3 설탕을 넣고 저어서 녹인 뒤 5분간 우립니다.
4 찻잎을 체에 거르고 주걱으로 가볍게 눌러 찻잎이 머금은 시럽을 짭니다.
5 실온에서 완전히 식힌 뒤 열탕 소독한 유리 밀폐 용기에 담아 냉장 보관합니다.

tip 유리 용기를 열탕 소독하는 방법은 35페이지를 참고합니다.

밀크티
기본 레시피

milk tea basic recipe

밀크티를 만드는 방법에는
여러 가지가 있는데,
이 책에서 소개하는 레시피는
크게 여섯 가지 방법으로 나뉘어요.
응용 밀크티를 만들기 전에
좋아하는 종류의 차를 준비해서
차근차근 따라해 보세요.

클래식 밀크티(p.56)

방식 뜨거운 홍차를 잔에 따른 뒤 우유를 넣어 마시는 영국식 전통 밀크티입니다.

만드는 법

1 티포트와 찻잔에 뜨거운 물을 담아 예열한 뒤 물을 버립니다.

2 데워 놓은 티포트에 홍찻잎을 넣고 95~100℃의 뜨거운 물을 티포트 입구에서 5~7cm 정도 떨어진 높이에서 부은 뒤 3분간 우립니다.

tip 물을 높은 위치에서 부으면 찻잎이 물의 흐름을 따라 춤을 추면서 공기와 맞닿아 향이 더욱 풍부해집니다.

3 우려낸 찻잎을 체에 거르고 홍차를 잔에 부어 마십니다.

4 시간이 흘러 진하게 우러난 차에 미지근하게 데운 우유를 부어 부드럽게 마십니다. 기호에 따라 각설탕을 넣어 마십니다.

밀크티 II

세 가지 로열 밀크티(p.64) / 로즈메리 진저 우롱 밀크티(p.86) / 마롱 초콜릿 밀크티(p.88) / 시나몬 월넛 밀크티(p.96) / 크리스마스 밀크티(p.100)

방식 우유에 찻잎을 넣고 살짝 끓인 뒤 우려서 만드는 방식입니다.

만드는 법

1 밀크팬에 찻잎과 우유를 넣고 찻잎이 충분히 적셔지도록 골고루 젓습니다.

2 1번을 약한 불에 올려 밀크팬 가장자리에 작은 기포가 생기고 찻잎이 펼쳐질 때까지 살짝 끓인 뒤 불을 끕니다. 그다음 설탕 · 시럽 · 소스 등을 넣고 저어서 완전히 녹입니다.

tip 우유를 너무 뜨겁게 끓이면 식으면서 얇은 막이 생겨서 마실 때 입안의 느낌을 좋지 않게 만들기 때문에 따뜻할 정도로만 끓입니다.

3 사용하는 찻잎에 따라 5~10분간 우립니다. 일반적으로 홍차는 5분 내외, 허브는 5~7분 내외, 우롱차는 6~10분 내외로 우리면 됩니다.

4-1 따뜻하게 마시려면 우려낸 찻잎을 체에 거르고 밀크티를 잔에 부어 마십니다.

4-2 시원하게 마시려면 우려낸 찻잎을 체에 거르고 밀크티를 병에 부은 뒤 실온에서 완전히 식혀 냉장 보관했다가 마십니다.

캐모마일 허니 라떼(p.62) / 블루베리 밀크티(p.74) / 메이플 우엉 밀크티(p.80) / 애플 로즈 밀크티(p.82)

방식 티백을 뜨거운 물에 우린 뒤 거품 낸 우유를 넣어 만드는 방식입니다.

만드는 법

1 내열 용기에 티백을 넣고 95~100℃의 뜨거운 물을 부어 5분간 우립니다.

2 차가 적당히 우러나면 티백을 건져 가볍게 짭니다.

3 차를 잔에 붓고 설탕 또는 베이스를 넣어 골고루 섞습니다.

4 우유를 전자레인지에서 40~50초 정도 따뜻하게 데운 뒤 전동거품기로 거품을 냅니다.

tip 우유는 뜨겁지 않게 따뜻할 정도로만 데우고 믹싱컵에 담은 뒤 전동거품기를 깊숙이 넣어 30초 정도 거품을 내다가 위아래로 조금씩 움직이면서 풍성하게 거품을 냅니다.

5 잔에 거품 낸 우유를 붓고 남은 우유 거품을 숟가락으로 얹습니다.

6 우유 거품 위에 장식용 재료를 올리면 완성입니다.

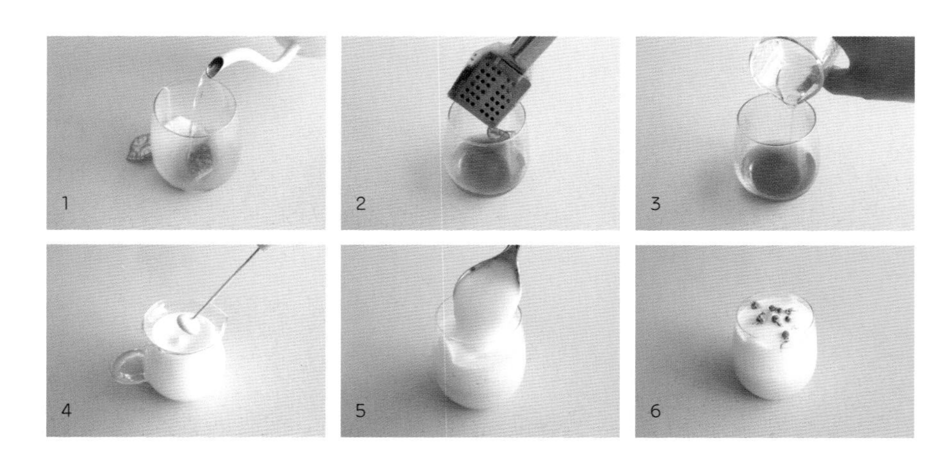

밀크티 IV

런던포그 밀크티(p.68) / 호지 차이 밀크티(p.98)

방식

우유 또는 물에 찻잎을 넣고 팔팔 끓인 뒤 거품 낸 우유를 넣어 만드는 방식입니다.

만드는 법

1 밀크팬에 찻잎과 물 또는 우유를 넣고 찻잎이 충분히 적셔지도록 골고루 저은 뒤 중간 불에 올려 큰 기포가 부글부글 끓어오르면 불을 끕니다.

tip 차를 끓이는 동안 잔에 뜨거운 물을 담아 예열한 뒤 물을 버립니다.

2 찻잎을 체에 거르고 차를 잔에 부은 뒤 설탕 · 베이스 등을 넣어 섞습니다.

3 우유를 전자레인지에서 40~50초 정도 따뜻하게 데운 뒤 전동거품기로 거품을 냅니다.

tip 우유 거품 내는 방법은 48페이지를 참고합니다.

4 잔에 거품 낸 우유를 붓고 남은 우유 거품을 숟가락으로 얹습니다.

5 우유 거품 위에 장식용 재료를 올리면 완성입니다.

밀크티 V

쑥 라떼(p.60) / 망고 말차 라떼(p.72)

방식

분말차를 뜨거운 물에 갠 뒤 거품 낸 우유를 넣어 만드는 방식입니다.

만드는 법

1–1 찻사발에 분말차를 체에 내려 넣고 95~100℃의 뜨거운 물을 부은 뒤 차선으로 조밀한 거품을 냅니다.

1–2 내열 용기에 분말차와 95~100℃의 뜨거운 물을 넣고 전동거품기로 거품을 낸 뒤 잔에 붓습니다.

tip 분말차가 완전히 풀어지지 않아서 덩어리가 남은 경우 체에 한 번 거릅니다.

2 우유를 전자레인지에서 40~50초 정도 따뜻하게 데우고 전동거품기로 거품을 낸 뒤 잔에 붓고 남은 우유 거품을 숟가락으로 얹습니다.

tip 우유 거품 내는 방법은 48페이지를 참고합니다.

3 우유 거품을 머들러로 살짝 저어 회오리 모양을 만듭니다.

4 우유 거품 위에 장식용 재료를 올리면 완성입니다.

밀크티 VI

벚꽃 라떼(p.58) / 망고 밀크티(p.70) / 애플민트 밀크티(p.76) /
흑당 밀크티(p.84) / 라즈베리 화이트 벨벳(p.92) / 굿모닝 유주 밀크티(p.94)

방식

베이스에 우유를 섞어 만드는 방식입니다.

만드는 법

1 밀크티(라떼)에 사용할 베이스를 만들어서 완전히 식힌 뒤 사용 전까지 냉장고에 넣어 차갑게 준비합니다.
2 잔에 베이스인 시럽 · 소스 · 청 등을 붓습니다. 아이스 밀크티의 경우 얼음을 넣습니다.
3 잔에 우유 또는 거품 낸 우유를 붓습니다.
4 밀크티 위에 장식용 재료를 올리면 완성입니다.

Part 2

밀크티 레시피

다양한 응용 밀크티 레시피를 소개해요. 봄, 여름, 가을, 겨울 계절별로 어울리는 밀크티 레시피를 수록했어요. 사계절 내내 맛있는 밀크티를 즐길 수 있어요.

봄

Spring

따뜻한 바람이 마음까지 간질이는 봄.
나무에는 새순이 돋고, 들판에는 꽃이 피어나며
생명이 움트는 모습이 반갑기만 합니다.
창밖에는 새 학기를 맞이한 아이들이
명랑하게 뛰어노는 소리도 들리고,
창문으로 들어오는 햇살도 유난히 따사롭습니다.
설레는 봄날의 하루를 만끽하며
포근한 밀크티 한 잔을 마셔봅니다.

HOT

클래식 밀크티

classic milk tea

진하고 강렬한 향의 잉글리쉬 블랙퍼스트를 따뜻하게 우려 마시다가
조금 더 진하게 우러난 마지막 찻잔에 고소한 우유를 부어 부드럽게 마셔 보세요.

재료

잉글리쉬 블랙퍼스트 3g
뜨거운 물 400ml
우유 적당량

만드는 법

1 티포트와 잔에 뜨거운 물을 담아 예열한 뒤 물을 버립니다.

2 티포트에 찻잎을 넣고 95~100℃의 뜨거운 물을 티포트 입구에서 5~7cm 정도 떨어진 높이에서 부은 뒤 3분간 우립니다.

tip 물을 부을 때 높은 위치에서 부으면 찻잎이 물의 흐름을 따라 춤을 추면서 공기와 맞닿아 향이 더욱 풍부해집니다.

3 우려낸 찻잎을 체에 거르고 홍차를 잔에 부어 마십니다.

4 시간이 흘러 진하게 우러난 차에 미지근하게 데운 우유를 부어 부드럽게 마십니다. 기호에 따라 각설탕을 넣어 마십니다.

NOTE

- 밀크티 기본 레시피 I (p.46)을 참고하세요.
- 처음부터 클래식 밀크티로 마시려면 뜨거운 물의 양을 반으로 줄여 차를 진하게 우린 뒤 우유를 넣어 마셔요.
- 홍차의 종류는 기분이나 상황에 따라 자유롭게 선택해 보세요. 아침에는 진하고 강렬한 맛의 '잉글리쉬 블랙퍼스트'를, 점심에는 식곤증을 잊게 해주는 시트러스 향이 풍부한 '얼그레이'를, 저녁 식사 후에는 입안을 깔끔하게 정리할 수 있도록 담백하면서도 묵직한 '프린스 오브 웨일스'를, 밤에는 카페인 성분이 없는 '루이보스'를 추천해요.
- 초콜릿 크랜베리 스콘(p.132)을 곁들여 보세요. 겉은 바삭하고 속은 촉촉한 버터 풍미의 스콘에 쫀득한 크랜베리와 달콤한 초콜릿이 어우러져 부드러운 클래식 밀크티와 잘 어울려요.

ICED

벚꽃 라떼

cherry blossom latte

꽃샘추위가 지나고 벚꽃이 흐드러지게 피어나는 봄날에
연분홍 꽃잎을 닮은 벚꽃 라떼를 만들어 설레는 봄 이야기를 나눠 보세요.

재료

비트시럽 20ml (p.38)
우유 220ml
얼음 적당량
벚꽃 절임 1~2줄기

만드는 법

1 벚꽃 절임을 미지근한 물에 담그고 살살 흔들어서 소금기를 제거합니다. 두 번 정도 헹군 뒤 키친타월에 올리고 살짝 눌러 물기를 제거합니다.
2 잔에 비트시럽을 넣고 얼음을 잔의 2/3 정도 채웁니다.
3 우유를 전자레인지에서 40~50초 정도 따뜻하게 데우고 전동거품기로 거품을 냅니다.
4 얼음 위에 거품 낸 우유를 붓고 남은 우유 거품을 숟가락으로 얹습니다.
5 우유 거품 위에 벚꽃 절임을 얹으면 완성입니다.

NOTE

- 밀크티 기본 레시피 Ⅵ(p.51)을 참고하세요.
- 벚꽃 절임은 시판용을 사용했어요. '벚꽃 절임'이라고 검색하시면 쉽게 구입하실 수 있어요.
- 붉은색의 비트시럽이 우유와 섞이면 예쁜 분홍색으로 변해요. 비트시럽 대신 딸기시럽이나 복분자시럽을 넣어도 좋아요.
- 짭조름한 말차 쌀강정을 곁들여 보세요. 우유에 배어든 벚꽃 절임의 소금기가 말차의 쌉싸름한 맛을 고소하게 만들어 주어 잘 어울려요.

HOT

쑥 라떼

mugwort latte

개구리가 잠에서 깨어나는 경칩이 지나면 풍성하게 자라난 쑥을 볼 수 있어요.
어린 시절 할머니께서 집 앞마당에 자라난 쑥을 뜯던 정다운 풍경이 생각나요.

재료

쑥가루 2ts
소금 약간
뜨거운 물 50ml
우유 100ml
장식용 쑥가루

만드는 법

1 찻사발(믹싱컵)에 쑥가루, 소금, 95~100℃의 뜨거운 물을 넣고 차선(전동거품기)으로 거품을 낸 뒤 잔에 붓습니다.

tip 미리 잔에 뜨거운 물을 담아 예열한 뒤 물을 버립니다.

2 우유를 전자레인지에서 40~50초 정도 따뜻하게 데우고 전동거품기로 거품을 냅니다.

3 잔에 거품 낸 우유를 붓고 남은 우유 거품을 숟가락으로 얹습니다.

4 우유 거품 위에 장식용 쑥가루를 뿌리면 완성입니다.

NOTE

- 밀크티 기본 레시피 V (p.50)를 참고하세요.
- 쑥은 피를 맑게 해 주는 효과가 있어 황사나 미세먼지가 심한 봄에 섭취하면 좋고, 혈액 순환을 도와 몸을 따뜻하게 만들기 때문에 추위를 많이 타는 사람들에게도 좋아요.
- 쑥가루는 말차용과 음료용이 있어요. 부드러운 맛을 원하면 말차용으로, 진한 맛을 원하면 음료용으로 구입하시는 것이 좋아요.
- 쑥 라떼에 설탕 대신 소금을 조금 넣으면 쑥 맛을 더욱 살릴 수 있어요.
- 겉은 바삭하고 속은 쫄깃한 프레첼에 짭조름한 버터를 샌드한 버터 프레첼을 곁들여 보세요. 쑥의 푸릇하고 고소한 맛과 잘 어울려요.

HOT

캐모마일 허니 라떼

chamomile honey latte

무언가 새로운 일을 시작하기 좋은 봄에는 계획도 세워보고 새로운 취미도 가져봅니다.
따뜻한 기운을 가득 머금은 캐모마일 허니 라떼를 마시며 봄을 시작해 보세요.

재료

캐모마일 티백 1개
뜨거운 물 60ml
꿀 1ts
우유 100ml
장식용 건조 캐모마일

만드는 법

1 내열 용기에 티백과 95~100℃의 뜨거운 물을 넣고 5분간 우립니다.
2 차가 적당히 우러나면 티백을 건져 가볍게 짜고 차에 꿀을 넣어 골고루 섞은 뒤 잔에 붓습니다.
3 우유를 전자레인지에서 40~50초 정도 따뜻하게 데우고 전동거품기로 거품을 냅니다.
4 잔에 거품 낸 우유를 붓고 남은 우유 거품을 숟가락으로 얹습니다.
5 우유 거품 위에 장식용 건조 캐모마일을 올리면 완성입니다.

NOTE

- 밀크티 기본 레시피Ⅲ(p.48)을 참고하세요.
- 캐모마일은 심신을 안정시키는 효과가 있어 스트레스를 많이 받은 날이나 시험을 치르느라 집중력이 많이 필요했던 날에 따뜻하게 우려 마시면 편안하게 휴식을 취할 수 있어요.
- 여기서는 차를 우릴 때 잘게 부서진 꽃잎으로 만들어진 캐모마일 티백(1g)을 사용했어요. 만약 꽃의 형태 그대로 건조된 캐모마일을 사용할 경우에는 2g으로 양을 늘려 사용하세요.

Homemade
Milk-Tea
Homemade
Milk-Tea
Homemade
Milk-Tea

HOT

세 가지 로열 밀크티

royal milk tea

진한 로열 밀크티와 짭조름한 햄을 넣은 샌드위치를 만들어서
따뜻한 봄 햇살을 만끽하러 피크닉을 가보는 것은 어떨까요?

재료

[클래식 로열 밀크티]
아쌈 CTC 5g
우유 230ml
황설탕 3ts

[차이나 로열 밀크티]
기문홍차 5g
우유 230ml
황설탕 3ts

[타이완 로열 밀크티]
우롱차 6g
민트 허브티 1/3ts
우유 230ml
백설탕 3ts

만드는 법

1 밀크팬에 찻잎과 우유를 넣고 찻잎이 충분히 적셔지도록 골고루 젓습니다.

2 1번을 약한 불에 올려 밀크팬 가장자리에 작은 기포가 생기고 찻잎이 펼쳐질 때까지 살짝 끓인 뒤 불을 끕니다.

tip 차를 끓이는 동안 잔에 뜨거운 물을 담아 예열한 뒤 물을 버립니다.

3 설탕을 넣고 저어서 녹인 뒤 4~10분간 찻잎을 우립니다.

tip 홍차는 진하게 우리되 너무 떫은 맛이 나지 않도록 4~6분 정도 우리고, 우롱차는 찻잎이 단단하게 말려 있기 때문에 완전히 펼쳐지도록 6~10분 정도 우립니다.

4 우려낸 찻잎을 체에 거르고 밀크티를 잔에 부으면 완성입니다.

tip 시원하게 마시려면 실온에서 완전히 식힌 뒤 냉장 보관했다가 마십니다.

NOTE

- 밀크티 기본 레시피 Ⅱ (p.47)를 참고하세요.
- 우롱차로 밀크티를 만드려면 산화와 홍배를 강하게 해서 맛과 향이 진한 것을 사용해야 우유에 넣고 끓였을 때 차 맛이 진하게 느껴져요.
- 민트는 소화 불량을 완화하는 효과가 있고 우유의 비린 맛을 잡아 주어요. 우유에 대한 부담감이 있을 경우 민트를 넣고 밀크티를 만들어 보세요.
- 햄버거 또는 햄샌드위치를 곁들여 보세요. 진한 차 맛이 나는 로열 밀크티는 햄처럼 풍미가 강한 음식을 먹은 후 입안을 담백하게 만들어 주어요.

여름

Summer

싱그러운 초록빛으로 덮이는 여름.
햇볕은 뜨거워지고 옷은 점점 얇아집니다.
시원한 바람이 그리워지는 여름날,
얼음을 넣은 달콤하고 차가운 밀크티로
몸도 마음도 시원하게 만들어 봅니다.

HOT

런던포그 밀크티

london fog milk tea

풍성한 우유 거품이 런던에 낀 안개처럼 보인다고 해서 '런던포그'라고 불려요.
레이디 그레이의 달콤한 오렌지 향과 라벤더시럽의 은은한 향이 정말 조화로워요.

재료

레이디 그레이 3g
물 50ml
라벤더시럽 15ml (p.40)
우유 100ml
장식용 건조 라벤더 꽃잎

만드는 법

1 밀크팬에 찻잎과 물을 넣고 찻잎이 충분히 적셔지도록 골고루 젓습니다.
2 1번을 중간 불에 올려 큰 기포가 부글부글 올라올 때까지 끓이고 불을 끕니다.

tip 차를 끓이는 동안 잔에 뜨거운 물을 담아 예열한 뒤 물을 버립니다.

3 찻잎을 체에 거르고 차를 잔에 부은 뒤 라벤더시럽을 넣고 섞습니다.
4 우유를 전자레인지에서 40~50초 정도 따뜻하게 데우고 전동거품기로 거품을 냅니다.
5 잔에 거품 낸 우유를 붓고 남은 우유 거품을 숟가락으로 얹습니다.
6 우유 거품 위에 장식용 건조 라벤더 꽃잎을 뿌리면 완성입니다.

NOTE

- 밀크티 기본 레시피Ⅳ(p.49)를 참고하세요.

ICED

망고 밀크티

mango milk tea

싱그럽고 향긋한 여름 과일들로 달콤한 과일청을 만들어
매일매일 색다른 맛의 밀크티를 즐겨 보세요.

재료

망고청 50ml (p.35)
아쌈 우유 150ml (p.34)
얼음 적당량

만드는 법

1 잔에 망고청을 넣고 얼음을 잔의 2/3 정도 채웁니다.
2 층이 섞이지 않도록 얼음 위에 차가운 아쌈 우유를 부으면 완성입니다.

NOTE

- 밀크티 기본 레시피 Ⅵ(p.51)을 참고하세요.
- 아이들 또는 카페인에 취약하신 분들은 아쌈 우유 대신 일반 우유를 넣어 망고 라떼를 만들어 보세요.
- 망고청 대신 다른 과일청을 넣어 색다른 맛의 과일 밀크티를 만들어 보세요. 하지만 신맛이 많이 나는 과일들은 산성이 강해 우유와 만나면 단백질이 응고될 수 있기 때문에 피하는 것이 좋아요.

ICED

망고 말차 라떼

mango malcha latte

샛노란 망고의 새콤달콤함과 푸릇하고 쌉싸름한 말차의 만남으로
뜨거운 여름날의 갈증을 시원하게 풀어주는 망고 말차 라떼를 만들어 보세요.

재료

망고청 50ml (p.35)
말차가루 1ts
뜨거운 물 50ml
우유 150ml
얼음 적당량
장식용 망고
장식용 애플민트

만드는 법

1 잔에 망고청을 넣고 얼음을 잔의 2/3 정도 채웁니다.
2 내열 용기에 말차가루와 95~100℃의 뜨거운 물을 넣고 전동거품기로 거품을 냅니다.
3 층이 섞이지 않도록 얼음 위에 차가운 우유를 부은 뒤 거품 낸 말차를 붓습니다.
4 말차 거품 위에 잘게 자른 장식용 망고와 애플민트를 올리면 완성입니다.

NOTE

• 밀크티 기본 레시피 V (p.50)를 참고하세요.

ICED

블루베리 밀크티

blueberry milk tea

새콤달콤한 블루베리소스와 블루베리홍차로 밀크티를 만들어 보았어요.
바닐라 크림을 샌드한 쿠키를 곁들이면 더욱 맛있는 티타임을 즐길 수 있어요.

재료

블루베리홍차 티백 1개
뜨거운 물 50ml
블루베리소스 50ml (p.37)
우유 150ml
얼음 적당량
장식용 블루베리
장식용 애플민트

만드는 법

1. 내열 용기에 티백과 95~100℃의 뜨거운 물을 넣고 5분간 우립니다.
2. 차가 적당히 우러나면 티백을 건져 가볍게 짜고 차를 완전히 식힙니다.
3. 잔에 블루베리소스를 넣고 얼음을 잔의 2/3 정도 채웁니다.
4. 층이 섞이지 않도록 얼음 위에 차가운 우유를 부은 뒤 블루베리홍차를 붓습니다.
5. 장식용 블루베리와 애플민트를 올리면 완성입니다.

NOTE

- 밀크티 기본 레시피 Ⅲ(p.48)을 참고하세요.
- 아이들 또는 카페인에 취약하신 분들은 블루베리홍차는 생략하고 우유만 넣어 블루베리 라떼를 만들어 보세요.

ICED

애플민트 밀크티

apple mint milk tea

영국에서 아침에 즐겨 마시는 홍차인 잉글리쉬 블랙퍼스트와
상큼하고 청량한 애플민트를 시럽으로 만들어 우유에 넣어 보았어요.

재료

잉글리쉬 블랙퍼스트시럽 10ml (p.42)
애플민트시럽 10ml (p.40)
우유 100ml
얼음 적당량
장식용 애플민트

만드는 법

1 잔에 잉글리쉬 블랙퍼스트시럽, 애플민트시럽을 넣고 골고루 섞은 뒤 얼음을 잔의 2/3 정도 채웁니다.
2 우유를 전자레인지에서 40~50초 정도 따뜻하게 데우고 전동거품기로 거품을 냅니다.
3 얼음 위에 거품 낸 우유를 붓고 남은 우유 거품을 숟가락으로 얹습니다.
4 우유 거품 위에 장식용 애플민트를 올리면 완성입니다.

NOTE

- 밀크티 기본 레시피 Ⅵ(p.51)을 참고하세요.
- 애플민트는 상큼한 사과 향이 나고 피로 회복에 효과가 있어 잠을 깨워주는 잉글리쉬 블랙퍼스트와 함께 사용하면 아침에 마시는 밀크티를 만들기 좋아요. 또한 소화 불량을 완화하는 효과도 있어 기름기 많은 음식을 먹은 후에 따뜻하게 우려 마시면 좋아요.
- 차와 허브로 시럽을 만들어 두면 밀크티를 더욱 빠르고 간편하게 만들 수 있고 병에 담아 선물하기에도 좋아요.

가을

Fall

형형색색의 단풍이 들기 시작하는 가을.
뜨거운 여름의 열기를 식혀주는
시원하고 상쾌한 바람이 불어옵니다.
고소한 향이 퍼지는 따뜻한 밀크티를 마시며
가을의 분위기를 한껏 느껴봅니다.

HOT

메이플 우엉 밀크티

maple burdock milk tea

뜨거운 여름이 지나고 울긋불긋 단풍잎이 거리를 덮기 시작할 때,
향긋한 메이플시럽과 몸의 생기를 북돋아 주는 우엉으로 밀크티를 만들어 보세요.

재료

우엉차 티백 1개
뜨거운 물 50ml
메이플시럽 10ml
아쌈 우유 100ml (p.34)
장식용 시나몬가루
장식용 버터와플쿠키

만드는 법

1 내열 용기에 티백과 95~100℃의 뜨거운 물을 넣고 5분간 우립니다.

tip 차를 우리는 동안 잔에 뜨거운 물을 담아 예열한 뒤 물을 버립니다.

2 차가 적당히 우러나면 티백을 건져 가볍게 짜고 차에 메이플시럽을 넣어 골고루 섞은 뒤 잔에 붓습니다.

3 아쌈 우유를 전자레인지에서 40~50초 정도 따뜻하게 데우고 전동거품기로 거품을 냅니다.

4 잔에 거품 낸 아쌈 우유를 붓고 남은 우유 거품을 숟가락으로 얹습니다.

5 우유 거품 위에 장식용 시나몬가루를 뿌리고 버터와플쿠키를 올리면 완성입니다.

NOTE

- 밀크티 기본 레시피 Ⅲ(p.48)을 참고하세요.
- 메이플시럽은 밝은 노란색부터 짙은 호박색까지 다양한 색이 있어요. 색이 옅을수록 단풍의 풍미가 연하고, 색이 짙을수록 풍미가 강하니 기호에 따라 선택하세요.
- 버터와플쿠키를 곁들여 보세요. 메이플시럽과 버터의 향이 잘 어울려요.

HOT

애플 로즈 밀크티

apple rose milk tea

과일의 여왕인 사과와 꽃의 여왕인 장미가 만나 더욱 우아한 느낌이 들어요.
은은한 사과 향 홍차와 장미 향 시럽으로 밀크티를 만들어 티타임을 즐겨 보세요.

재료

사과홍차 티백 2개
뜨거운 물 50ml
장미시럽 10ml (p.40)
우유 100ml
장식용 미니사과

만드는 법

1 내열 용기에 티백과 95~100℃의 뜨거운 물을 넣고 5분간 우립니다.

tip 차를 우리는 동안 잔에 뜨거운 물을 담아 예열한 뒤 물을 버립니다.

2 차가 적당히 우러나면 티백을 건져 가볍게 짜고 차에 장미시럽을 넣어 골고루 섞은 뒤 잔에 붓습니다.

3 우유를 전자레인지에서 40~50초 정도 따뜻하게 데우고 전동거품기로 거품을 냅니다.

4 잔에 거품 낸 우유를 붓고 남은 우유 거품을 숟가락으로 얹습니다.

5 장식용 미니사과를 반으로 잘라 단면이 보이도록 우유 거품 위에 올리면 완성입니다.

NOTE

- 밀크티 기본 레시피 Ⅲ(p.48)을 참고하세요.
- 사과의 절단면은 산소와 만나면 갈변현상이 일어나는데, 설탕시럽이나 레몬즙을 단면에 살짝 바르면 갈변되는 것을 막아 주어요. 밀크티나 라떼에 장식할 때는 레몬즙보다 설탕시럽을 바르는 것이 좋아요.

ICED

흑당 밀크티

black sugar milk tea

아직 여름의 열기가 남아있는 초가을에 잔잔하게 불어오는 바람을 맞으며
부드러운 또우화와 흑설탕의 달콤함을 담은 시원한 밀크티를 마셔 보세요.

재료

또우화 (p.138)
흑설탕시럽 15ml (p.41)
아쌈 우유 100ml (p.34)
장식용 구운 땅콩

만드는 법

1 잔에 차가운 또우화를 1/4 정도 채웁니다.

2 또우화 위에 흑설탕시럽을 넣고 차가운 아쌈 우유를 붓습니다.

tip 따뜻하게 마시려면 아쌈 우유를 전자레인지에서 40~50초 정도 따뜻하게 데우고 전동거품기로 거품을 낸 뒤 잔에 붓습니다.

3 분량 외의 우유를 전자레인지에서 40~50초 정도 따뜻하게 데우고 전동거품기로 거품을 낸 뒤 우유 거품만 숟가락으로 잔 위에 얹습니다.

4 우유 거품 위에 장식용 구운 땅콩을 올리면 완성입니다.

NOTE

- 밀크티 기본 레시피 Ⅵ(p.51)을 참고하세요.
- 아이들 또는 카페인에 취약하신 분들은 아쌈 우유 대신 무가당 두유를 넣고 만들어 보세요.
- 또우화는 아주 부드러워서 숟가락으로 떠먹기보다는 밀크티와 함께 후루룩 마시면 더욱 재미있고 색다른 맛을 느끼실 수 있어요.
- 땅콩은 볶은 것을 구입하셨더라도 팬에서 한 번 더 바삭하게 볶거나, 180℃로 예열한 오븐에서 5~8분 정도 구워서 수분을 없애야 끝까지 바삭하게 드실 수 있어요.

HOT

로즈메리 진저 우롱 밀크티

rosemary ginger oolong milk tea

일교차가 커지는 가을 저녁에는 몸에 온기를 불어넣는 생강과
기분을 상쾌하게 해 주는 로즈메리를 넣은 따뜻한 밀크티를 마셔 보세요.

재료

우롱차 5g
로즈메리 허브티 1/3ts
우유 250ml
생강시럽 20ml (p.39)
장식용 로즈메리 허브티
장식용 생강가루

만드는 법

1 밀크팬에 찻잎과 우유를 넣고 찻잎이 충분히 적셔지도록 골고루 젓습니다.
2 1번을 약한 불에 올려 밀크팬 가장자리에 작은 기포가 생기고 찻잎이 어느 정도 펼쳐질 때까지 살짝 끓인 뒤 불을 끕니다.
tip 차를 끓이는 동안 잔에 뜨거운 물을 담아 예열한 뒤 물을 버립니다.
3 생강시럽을 넣고 섞은 뒤 6~10분간 찻잎을 우립니다.
tip 우롱차는 찻잎이 단단하게 말려있기 때문에 완전히 펼쳐지도록 6~10분 정도 충분히 우립니다.
4 우려낸 찻잎을 체에 거르고 밀크티를 믹싱컵에 부어 전동거품기로 거품을 냅니다.
5 잔에 거품 낸 밀크티를 붓고 장식용 로즈메리와 생강가루를 뿌리면 완성입니다.

NOTE

- 밀크티 기본 레시피 Ⅱ (p.47)를 참고하세요.
- 우롱차로 밀크티를 만드려면 산화와 홍배를 강하게 해서 맛과 향이 진한 것을 사용해야 우유에 넣고 끓였을 때 차 맛이 진하게 느껴져요.
- 로즈메리는 혈액 순환을 돕고 심신의 피로를 풀어 주는 효과가 있어 추운 바깥에 나갔다가 실내에 들어왔을 때 따뜻하게 우려 마시면 좋아요.
- 생강은 몸을 따뜻하게 하고 위를 진정시키는 효과가 있어 가을 찬바람에 굳은 몸과 위를 풀어 주어요. 목 · 기관지 염증에도 효과가 있어 감기에 걸렸을 때 마시면 좋아요.
- 숙성된 로즈메리 향은 생강 향과 비슷해서 맛과 향이 조화로워요.

HOT

마롱 초콜릿 밀크티

marron chocolate milk tea

가을이 오면 오동통한 밤톨을 연탄불에 타닥타닥 구워 먹던 기억이 떠올라요.
이번에는 우유를 마시지 못하는 분들을 위해 아몬드밀크로 밀크티를 만들었어요.

재료

마롱홍차 6g
아몬드밀크 180ml
초콜릿소스 20ml
장식용 코코아가루

만드는 법

1 밀크팬에 찻잎과 아몬드밀크를 넣고 찻잎이 충분히 적셔지도록 골고루 젓습니다.

2 1번을 약한 불에 올려 끓이다가 찻잎이 완전히 펼쳐지면 초콜릿소스를 넣고 섞은 뒤 불을 끕니다.

tip 차를 끓이는 동안 잔에 뜨거운 물을 담아 예열한 뒤 물을 버립니다.

tip 찻잎을 끓이다가 다른 재료를 함께 넣어 섞는 경우에는 별도로 우리는 시간을 갖지 않아도 차의 맛과 향이 충분히 우러나옵니다. 너무 오랫동안 우리면 찻잎에서 떫고 쓴맛이 우러나와 밀크티의 맛을 해칠 수 있으니 주의합니다.

3 찻잎을 체에 거르고 밀크티를 믹싱컵에 부어 전동거품기로 거품을 냅니다.

4 잔에 거품 낸 밀크티를 붓고 장식용 코코아가루를 뿌리면 완성입니다.

NOTE

- 밀크티 기본 레시피 Ⅱ (p.47)를 참고하세요.
- 마롱홍차는 밤 향이 입혀진 가향홍차로 고소한 아몬드밀크와 잘 어울려요. 마롱홍차가 없을 경우에는 아몬드 맛과 잘 어울리는 고소한 중국홍차나 인도홍차를 사용해도 좋아요.
- 아몬드밀크 대신 일반 우유를 넣어도 밤 향과 잘 어울려요.

겨울

Winter

차가운 공기에 옷깃을 여미는 겨울.
포근한 털장갑과 목도리를 꺼내 봅니다.
흰 눈이 내리는 겨울의 어느 날,
사랑하는 사람들과 옹기종기 모여 앉아
따뜻한 밀크티 한 잔을 마시며
포근한 이야기꽃을 피워 봅니다.

HOT

라즈베리 화이트 벨벳

raspberry white velvet

바디감이 풍부한 아쌈 홍차에 산뜻한 라즈베리의 맛과 향을 더하고
폭신하고 부드러운 크림으로 감싸 주는 라즈베리 화이트 벨벳을 만들어 보세요.

재료

라즈베리소스 40ml (p.37)
아쌈 우유 240ml (p.34)
생크림 80ml
설탕 1ts
장식용 코코아가루
장식용 애플민트

만드는 법

1 잔에 라즈베리소스를 넣고 따뜻하게 데운 아쌈 우유를 층이 섞이지 않도록 잔 벽면을 따라 붓습니다.

tip 시원하게 마시려면 잔에 2/3 정도 얼음을 채우고 차가운 아쌈 우유를 붓습니다.

2 믹싱컵에 생크림과 설탕을 넣고 걸쭉해질 때까지 전동거품기로 휘핑한 뒤 잔에 붓습니다.

3 크림 위에 장식용 코코아가루를 뿌리고 애플민트를 올리면 완성입니다.

NOTE

- 밀크티 기본 레시피 Ⅵ(p.51)을 참고하세요.
- 초콜릿 호두 크런치(p.136)를 곁들여 보세요. 라즈베리 화이트 벨벳의 새콤한 맛과 초콜릿 호두 크런치의 고소하고 달콤쌉싸름한 맛이 잘 어울려요.

HOT

굿모닝 유주 밀크티

good morning yuzu milk tae

늦가을에 담근 새콤달콤한 유자청으로 밀크티를 만들어 보았어요.
잉글리쉬 블랙퍼스트시럽을 넣어 상큼하면서도 홍차 향 가득한 밀크티를 즐겨 보세요.

재료

유자청 10ml (p.36)
우유 100ml
잉글리쉬 블랙퍼스트시럽 10ml (p.42)
장식용 유자필

만드는 법

1 유자청을 잔에 넣습니다.
2 우유와 잉글리쉬 블랙퍼스트시럽을 골고루 섞어 전자레인지에서 40~50초 정도 따뜻하게 데우고 전동거품기로 거품을 냅니다.
3 거품 낸 우유를 층이 섞이지 않도록 잔 벽면을 따라 붓고 남은 우유 거품을 숟가락으로 얹습니다.

tip 시원하게 마시려면 잔에 2/3 정도 얼음을 채운 뒤 거품 낸 우유를 넣습니다.

4 우유 거품 위에 가늘게 채 썬 장식용 유자필을 올리면 완성입니다.

NOTE

- 밀크티 기본 레시피 Ⅵ(p.51)을 참고하세요.
- 시판용 유자청을 사용할 경우 단맛이 강하기 때문에 양을 적당히 조절해 주세요.
- 시원하게 마실 경우 잉글리쉬 블랙퍼스트시럽보다 시트러스 향이 진한 얼그레이시럽을 사용하면 잘 어울려요.

HOT

시나몬 월넛 밀크티

cinnamon walnut milk tea

담백하고 고소한 호두와 몸을 따뜻하게 만들어 주는 시나몬으로
추운 겨울날에 어울리는 따뜻한 밀크티를 만들어 보세요.

재료

시나몬홍차 티백 1개
호두땅콩두유 200ml
설탕 2ts
장식용 호두분태
장식용 시나몬가루

만드는 법

1 밀크팬에 티백과 호두땅콩두유를 넣고 약한 불에 올려 밀크팬 가장자리에 작은 기포가 생길 때까지 살짝 끓인 뒤 불을 끕니다.

tip 차를 끓이는 동안 잔에 뜨거운 물을 담아 예열한 뒤 물을 버립니다.

2 설탕을 넣고 저어서 녹인 뒤 5분간 찻잎을 우립니다.

3 우려낸 티백을 건져 가볍게 짜고 밀크티를 잔에 붓습니다.

4 분량 외의 호두땅콩두유를 전자레인지에서 40~50초 정도 따뜻하게 데우고 전동거품기로 거품을 낸 뒤 우유 거품만 숟가락으로 잔 위에 얹습니다.

5 우유 거품 위에 장식용 호두분태와 시나몬가루를 뿌리면 완성입니다.

NOTE

• 밀크티 기본 레시피 Ⅱ (p.47)를 참고하세요.
• 시나몬홍차는 계피 향이 은은하게 입혀진 가향홍차로 고소한 호두땅콩두유와 잘 어울려요. 시나몬홍차가 없는 경우에는 매콤하고 달달한 향신료가 첨가된 차이홍차를 넣어도 괜찮아요.

HOT

호지 차이 밀크티

hoji chai milk tea

흰 눈 내리는 추운 겨울날에는 홍차와 다양한 향신료를 넣어 만든
호지 차이 밀크티 한 잔을 즐겨 보시는 건 어떨까요?

재료

호지차 3g
잘게 부순 시나몬스틱 1/4ts
정향 2알
통후추 3~4알
넛맥가루 1/4ts
생강가루 1/4ts
우유 200ml
황설탕 3ts
장식용 시나몬스틱
장식용 호지차가루
장식용 시나몬가루

만드는 법

1 시나몬스틱을 잘게 부숴서 맛과 향이 잘 우러나올 수 있게 만듭니다.
2 밀크팬에 잘게 부순 시나몬스틱과 호지차, 정향, 통후추, 넛맥가루, 생강가루, 우유를 넣고 재료가 충분히 적셔지도록 골고루 젓습니다.
3 2번을 중간 불에 올려 큰 기포가 부글부글 올라올 때까지 끓이고 불을 끈 뒤 설탕을 넣고 저어서 녹입니다.

tip 차를 끓이는 동안 잔에 뜨거운 물을 담아 예열한 뒤 물을 버립니다.

4 재료를 체에 거르고 잔에 장식용 시나몬스틱을 꽂은 뒤 밀크티를 붓습니다.
5 분량 외의 우유를 전자레인지에서 40~50초 정도 따뜻하게 데우고 전동거품기로 거품을 낸 뒤 우유 거품만 숟가락으로 잔 위에 얹습니다.
6 우유 거품 위에 장식용 호지차가루와 시나몬가루를 뿌리면 완성입니다.

NOTE

- 밀크티 기본 레시피Ⅳ(p.49)를 참고하세요.
- 녹찻잎을 코팅팬에 넣고 중불에서 갈색이 날 때까지 충분히 볶으면 색다른 맛의 호지차를 만들 수 있어요.
- 호지 차이 밀크티에 들어가는 향신료를 본인의 취향에 맞게 조합해서 넣으면 더욱 다양한 맛의 밀크티를 직접 만들 수 있어요.
- 차이 밀크티에 들어가는 향신료는 몸을 따뜻하게 만들어 주는 효과가 있어 추운 겨울에 마시기 좋아요.

HOT

크리스마스 밀크티

christmas milk tea

이번 크리스마스에는 진한 초콜릿에 크림이 듬뿍 올라간 밀크티를 마시며
사랑하는 사람들과 즐거운 이야기를 나눠 보아요.

재료

초콜릿홍차 티백 1개
우유 250ml
황설탕 2ts
휘핑크림 100ml
백설탕 2ts
쿠앵트로 1ts
장식용 건조 오렌지슬라이스
장식용 팔각
장식용 핑크페퍼
장식용 로즈메리

만드는 법

1 밀크팬에 티백과 우유를 넣고 약한 불에 올려 밀크팬 가장자리에 작은 기포가 생길 때까지 살짝 끓인 뒤 불을 끕니다.

tip 차를 끓이는 동안 잔에 뜨거운 물을 담아 예열한 뒤 물을 버립니다.

2 황설탕을 넣고 저어서 녹인 뒤 5분간 찻잎을 우립니다.

3 우려낸 찻잎을 체에 거르고 밀크티를 잔에 붓습니다.

4 볼에 휘핑크림, 백설탕, 쿠앵트로를 넣고 핸드믹서를 들었을 때 뾰족한 뿔이 생길 정도로 휘핑합니다.

5 짤주머니에 별깍지를 끼워 크림을 담고 잔 위에 둥글게 돌려가며 짭니다.

6 크림 위에 장식용 건조 오렌지슬라이스와 팔각, 핑크페퍼를 살짝 뿌리고 로즈메리를 꽂으면 완성입니다.

NOTE

- 밀크티 기본 레시피 Ⅱ (p.47)를 참고하세요.
- 진한 초콜릿 맛을 내려면 설탕 대신 초콜릿소스를 넣어주세요.
- 크림에 쿠앵트로를 넣으면 밀크티에 은은한 오렌지 향이 녹아들어요.
- 크림은 숟가락으로 떠드셔도 되고 저어서 섞어 마셔도 좋아요. 섞어 마실 경우 크림이 너무 많으면 느끼할 수 있으니 양을 줄여서 넣어요.
- 레몬 크림을 바른 시트러스 웨하스를 곁들여 보세요. 상큼한 맛이 초콜릿 맛과 잘 어울리고 입안을 상쾌하게 만들어 주어요.

Part 3

티푸드 레시피

밀크티를 사용해서 만드는 티푸드와
밀크티와 함께 먹으면 더욱 맛있는 티
푸드 만드는 방법을 배워 보아요.

로열 프렌치토스트

royal french toast

프렌치토스트는 서양에서 아침 식사로 즐겨 먹는 음식이에요.
폭신폭신하고 홍차 향이 은은한 프렌치토스트에 부드러운 크림을 곁들였어요.

재료

두꺼운 우유식빵 2쪽
달걀 1개
로열 밀크티 150g (p.64)
코팅용 무염버터 약간
생크림 100g
설탕 8g
장식용 시나몬가루
장식용 핑크페퍼
장식용 애플민트

미리 준비하기

- 달걀은 실온 상태로 준비합니다.
- 64페이지를 참고해 로열 밀크티를 만들어둡니다.

NOTE

- 갓 구운 프렌치토스트는 바로 먹는 것이 가장 맛있지만 만약 남았을 경우 랩으로 잘 감싸서 냉동 보관했다가 토스터에 한 번 더 구워 먹어도 맛있어요.
- 밀크티를 넣은 프렌치토스트는 새콤달콤한 생과일보다는 캐러멜소스나 초콜릿소스, 시나몬가루를 넣은 사과 조림과 잘 어울려요.

레이디 그레이 티케이크

lady grey teacake

상큼한 향과 부드러운 맛의 레이디 그레이로
오후의 티타임에 어울리는 고급스러운 티케이크를 만들어 보세요.

재료

무염버터 65g
설탕 70g
달걀 1개
바닐라에센스 3~4방울
박력분 75g
곱게 간 레이디 그레이 2g
코코넛가루 5g
런던포그 밀크티 65g (p.68)
장식용 수레국화
장식용 홍찻잎

아이싱

슈가파우더 35g
런던포그 밀크티 10g

분량

번트틀 6개

미리 준비하기

- 버터는 실온에 두어 부드럽게 만들고, 달걀도 실온 상태로 준비합니다.
- 68페이지를 참고해 런던포그 밀크티를 만들어둡니다.
- 오븐은 170℃로 예열해둡니다.

NOTE

- 케이크를 바로 먹지 않을 경우에는 아이싱을 바르지 않은 상태로 밀폐 용기에 넣어 냉동 보관했다가 먹기 전에 실온에서 20분 정도 자연 해동한 뒤 아이싱을 발라서 드시면 돼요. 아이싱을 바른 상태로 냉동 보관하면 아이싱이 단단하게 굳어 표면이 갈라지고 색이 변할 수 있어요.

만드는 법

1 번트틀에 분량 외의 말랑한 버터를 붓으로 골고루 바르고 냉장고에 넣어둡니다.

2 볼에 실온의 버터를 넣고 핸드믹서로 부드럽게 풀다가 설탕을 넣어 뽀얗게 되도록 휘핑합니다.

3 다른 볼에 달걀과 바닐라에센스를 넣고 골고루 섞은 뒤, 버터에 세 번에 걸쳐 나눠 넣으며 핸드믹서로 휘핑합니다.

4 박력분, 곱게 간 레이디 그레이, 코코넛가루를 체에 내려 넣고 날가루가 보이지 않도록 주걱으로 골고루 섞습니다.

tip 반죽을 너무 많이 치대면 케이크를 구웠을 때 단단하고 푸석해질 수 있으니 주걱의 날을 사용해 가급적 적은 횟수로 섞고 마지막에는 주걱의 면으로 살짝 치대듯 정리하는 것이 좋습니다.

5 런던포그 밀크티를 세 번에 걸쳐 나눠 넣으며 핸드믹서로 골고루 섞습니다.

6 반죽을 짤주머니에 담아 번트틀에 80% 정도 채우고 틀을 가볍게 바닥에 내리쳐서 반죽 속의 기포와 표면을 정리합니다.

7 170℃로 예열한 오븐에 넣고 20분간 구운 뒤 실온에서 완전히 식혀 틀에서 분리합니다.

8 볼에 아이싱 분량의 슈가파우더를 체에 내려 넣고 런던포그 밀크티를 넣어 골고루 섞습니다.

tip 작업 환경에 따라 아이싱의 농도가 달라질 수 있으므로 밀크티를 조금씩 넣어가며 농도를 조절합니다.

9 티케이크 윗면에 아이싱을 바르고 아이싱이 굳기 전에 장식용 수레국화와 홍찻잎을 올리면 완성입니다.

5-1 5-2 6-1 6-2 7 8 9-1 9-2 9-3

S. Recipe 1

밀크티 쿠키

milk tea cookie

다양한 밀크티를 넣어 응용할 수 있는 담백하고 바삭한 쿠키예요.
공부나 독서를 할 때 부담 없이 즐길 수 있도록
고소하고 담백한 통밀과 향긋한 밀크티를 넣어 만들었어요.

재료

설탕 30g
소금 약간
런던포그 밀크티 30g (p.68)
카놀라유 35g
곱게 간 레이디 그레이 2g
통밀가루 75g
옥수수전분 25g

분량

지름 4cm, 16개

미리 준비하기

- 68페이지를 참고해 런던포그 밀크티를 만들어둡니다.
- 오븐팬 위에 테프론시트지를 깔아둡니다.
- 오븐은 160℃로 예열해둡니다.

만드는 법

1 볼에 설탕, 소금, 런던포그 밀크티를 넣고 거품기로 골고루 섞습니다.

2 카놀라유를 넣고 거품기로 골고루 섞습니다.

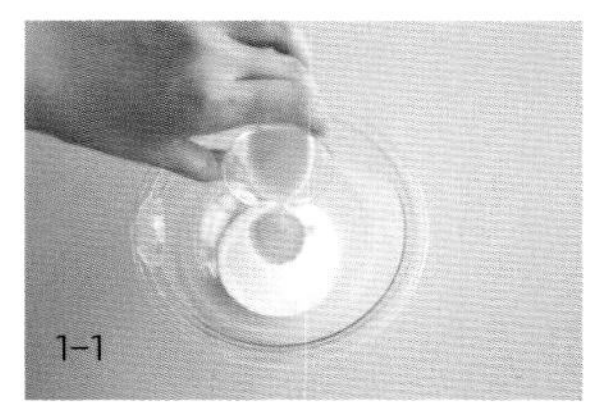

1-1

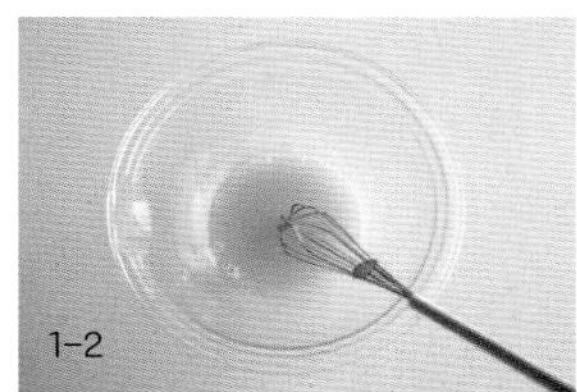

1-2

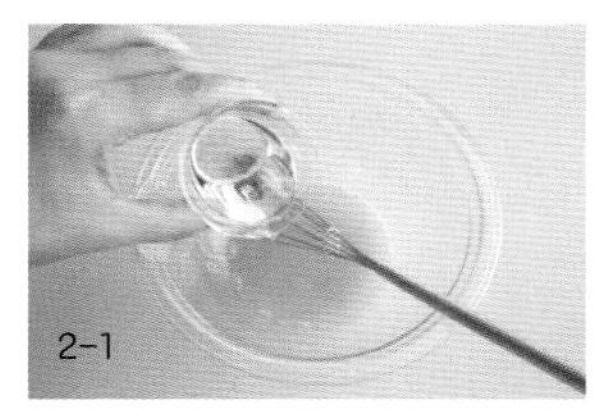

2-1

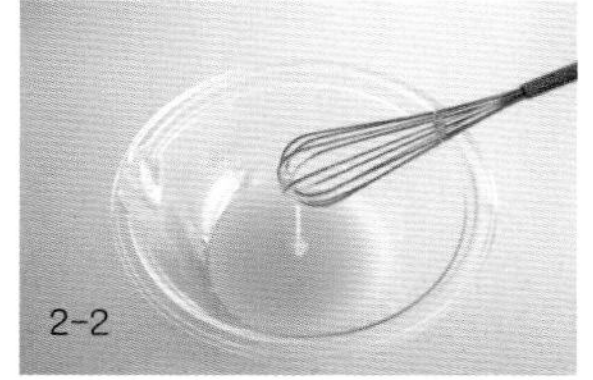

2-2

3 곱게 간 레이디 그레이, 통밀가루, 옥수수전분을 체에 내려 넣은 뒤 날가루가 보이지 않고 한 덩어리가 되도록 주걱으로 섞습니다.

4 반죽을 약 10g씩 분할하여 둥글납작하게 만들어 오븐팬 위에 올리고, 포크로 눌러 무늬를 냅니다.

5 160℃로 예열한 오븐에 넣고 20분간 구운 뒤 실온에서 완전히 식히면 완성입니다.

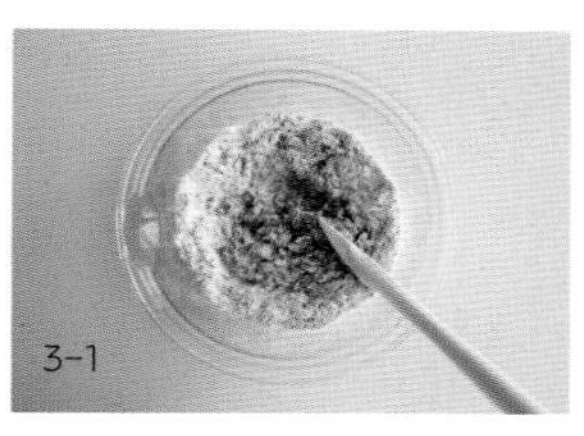
3-1

3-2

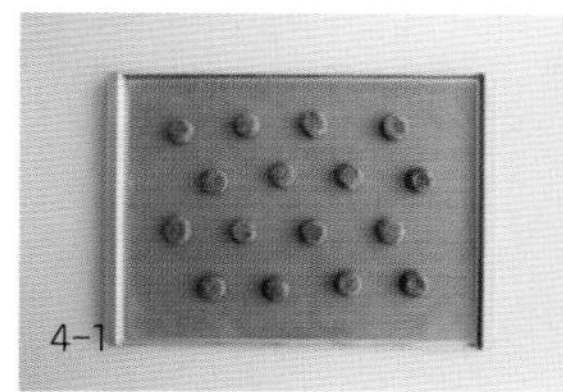
4-1

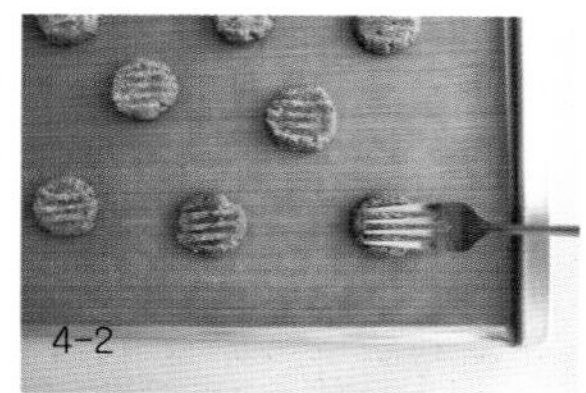
4-2

5

밀크티 마들렌

milk tea madeleine

티타임에 빠질 수 없는 티푸드인 마들렌을 밀크티로 만들어 보았어요.
촉촉한 마들렌은 커피나 홍차에 살짝 담가 먹어도 정말 맛있답니다.
두 종류의 밀크티 마들렌을 소개하니 취향에 따라 즐겨 보세요.

재료

[흑당 호지 밀크티 마들렌]
무염버터 60g
달걀 1개
꿀 15g
설탕 30g
박력분 50g
베이킹파우더 2g
곱게 간 호지차 2g
호지 차이 밀크티 25g (p.98)
장식용 흑설탕시럽 (p.41)

[차이나 밀크티 마들렌]
무염버터 60g
달걀 1개
꿀 15g
설탕 30g
박력분 50g
베이킹파우더 2g
곱게 간 기문홍차 2g
차이나 로열 밀크티 25g (p.64)
장식용 슈가파우더

분량

마들렌틀 8개

미리 준비하기

- 달걀은 실온 상태로 준비합니다.
- 호지 차이 밀크티, 흑설탕시럽, 차이나 로열 밀크티는 각각의 페이지를 참고해 만들어둡니다.
- 오븐은 180℃로 예열해둡니다.

만드는 법

1. 마들렌틀에 분량 외의 말랑한 버터를 붓으로 골고루 바르고 냉장고에 넣어둡니다.
2. 볼에 버터를 넣고 중탕해서 녹입니다. 사용하기 전까지 온도를 60℃로 유지합니다.

tip 버터의 온도를 60℃로 유지해야 반죽에 넣고 섞었을 때 잘 혼합되고 촉촉한 마들렌을 만들 수 있습니다.

3. 다른 볼에 달걀을 넣고 거품기로 풀다가 꿀과 설탕을 각각 넣어 골고루 섞습니다.

tip 꿀과 설탕을 넣을 때는 한 번에 한 가지씩 넣고 섞어야 서로 뭉치지 않고 잘 섞입니다.

4. 박력분, 베이킹파우더, 곱게 간 찻잎을 체에 내려 넣고 날가루가 보이지 않도록 거품기로 골고루 섞습니다.
5. 2번에서 녹인 버터를 세 번에 걸쳐 나눠 넣으며 거품기로 골고루 섞습니다.

tip 버터가 식었으면 다시 중탕하거나 전자레인지에 돌려 60℃로 온도를 높여서 사용합니다.

6 밀크티를 넣고 거품기로 골고루 섞습니다.

7 볼에 랩을 씌우고 냉장고에 넣어 30분 이상 휴지합니다.

tip 30분~1시간 정도로 충분히 휴지해야 마들렌의 식감이 살아납니다. 하지만 너무 오랜 시간 동안 휴지하면 오히려 반죽의 상태가 나빠지니 주의합니다.

8 반죽을 짤주머니에 담아 마들렌틀에 90% 정도 채우고 바닥에 틀을 가볍게 내리쳐서 반죽 속의 기포와 표면을 정리합니다.

tip 틀에 반죽을 너무 많이 채우면 오븐에서 구울 때 반죽이 밖으로 흘러나와 마들렌의 속이 텅 빈 상태로 완성되기 때문에 틀 높이보다 약간 낮게 채우는 것이 좋습니다.

9 180℃로 예열한 오븐에 넣고 12분간 구운 뒤 실온에서 완전히 식혀 틀에서 분리합니다.

tip 마들렌이 완전히 식지 않았을 때 틀에서 분리하면 마들렌 모양이 납작해질 수 있으니 주의합니다.

10 장식용 재료로 마들렌을 장식하면 완성입니다.

① 흑당 호지 밀크티 마들렌 : 흑설탕시럽을 미니 스포이드에 담아 마들렌에 꽂습니다.

② 차이나 밀크티 마들렌 : 쟁반에 마들렌을 비스듬히 올려놓고 마들렌 중앙에 자를 얹은 뒤 슈가파우더를 체에 내려 뿌립니다.

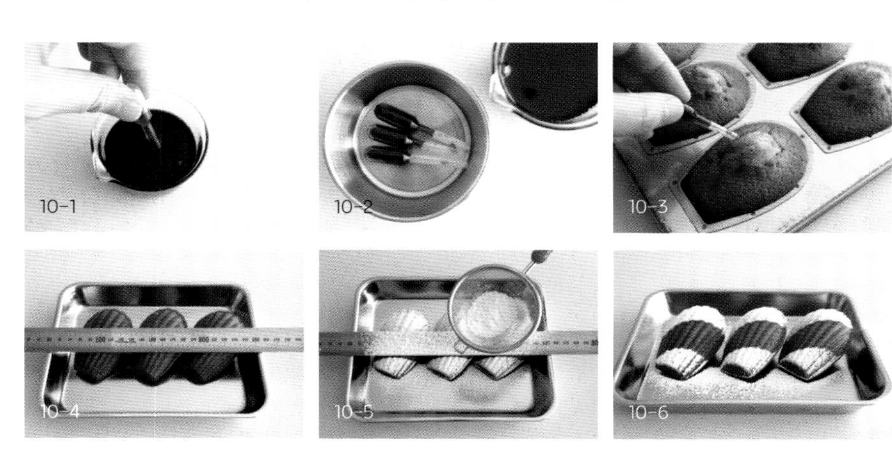
10-1 10-2 10-3 10-4 10-5 10-6

밀크티 양갱

milk tea sweet jelly

양갱은 중국에서 양의 고기와 피를 응고시켜 만든 음식이었는데
일본의 사찰로 전해지면서 양의 피 대신 팥을 굳혀 만든 것에서 유래되었어요.
밀크티로 양갱을 만들어 명절 선물이나 티푸드로 준비해 보세요.

재료

[로열 밀크티 양갱]
백앙금 100g
한천가루 12g
로열 밀크티 300g (p.64)
설탕 140g
장식용 오렌지필

[쑥 라떼 양갱]
백앙금 100g
한천가루 12g
쑥 라떼 300g (p.60)
설탕 140g
장식용 당절임 팥배기

분량

4cm 양갱틀 12개

미리 준비하기

- 로열 밀크티나 쑥 라떼는 각각의 페이지를 참고해 만들어둡니다.
- 로열 밀크티 양갱에 들어가는 장식용 오렌지필은 잘게 잘라 준비합니다.

NOTE

- 사용하고 남은 백앙금은 쉽게 마르므로 랩으로 감싸 냉장 보관합니다.
- 양갱은 수분이 많아서 실온에서 보관하면 쉽게 상할 수 있으므로 밀폐 용기에 담아 냉장 보관합니다. 또 냉장고에 너무 오래 보관하면 양갱 속의 수분이 밖으로 빠져나와 양갱이 딱딱하고 맛없어지므로 2~3일 내에 소진하는 것이 좋습니다.

만드는 법

1 볼에 백앙금을 넣고 주걱으로 부드럽게 풀어줍니다.

2 ① 로열 밀크티 양갱 : 양갱 반죽이 잘 분리될 수 있도록 양갱틀에 물을 가볍게 뿌려둡니다.
② 쑥 라떼 양갱 : 양갱 반죽이 잘 분리될 수 있도록 양갱틀에 물을 가볍게 뿌리고 장식용 당절임 팥배기를 적당량 넣어둡니다.

3 밀크팬에 한천가루와 밀크티(라떼)를 넣고 골고루 섞은 뒤, 그대로 10분 정도 두어 한천가루를 불립니다.

4 설탕을 넣고 약한 불에 올려 설탕이 녹을 때까지 저어가며 끓인 뒤, 설탕이 다 녹으면 중간 불로 올려 살짝 걸쭉해질 때까지 끓이고 불을 끕니다.

5 1번에서 풀어둔 백앙금을 넣고 덩어리가 없도록 골고루 섞은 뒤, 다시 약한 불에 올려 1분 정도 끓입니다.

6 양갱틀에 양갱 반죽을 붓습니다.

7 ① 로열 밀크티 양갱 : 장식용 오렌지필을 올리고 실온에서 완전히 굳히면 완성입니다.

② 쑥 라떼 양갱 : 실온에서 완전히 굳히면 완성입니다.

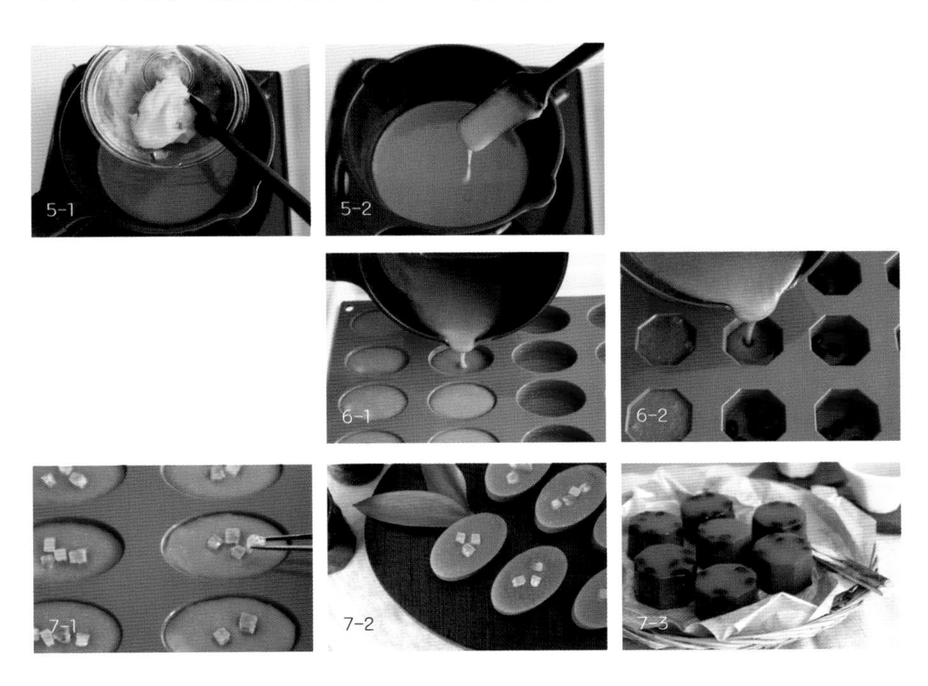
5-1 5-2 6-1 6-2 7-1 7-2 7-3

TEA

차이 크렘 브륄레

chai creme brulee

크렘 브륄레는 '불에 탄 크림'이라는 뜻으로, 차가운 커스터드 크림 위에
설탕을 뿌리고 불에 살짝 그슬려 만드는 프랑스 디저트예요.
달콤쌉싸름한 캐러멜을 깨뜨리면 부드러운 커스터드 크림을 만날 수 있어요.

재료

차이 밀크티
아쌈 CTC 6g
생크림 160g
우유 50g
시나몬가루 1/4t
넛맥가루 1/4t
정향 2개

차이 커스터드 크림
차이 밀크티
달걀노른자 30g
황설탕 10g
백설탕 25g
바닐라에센스 약간

보늬밤 4개
캐러멜용 백설탕 적당량

분량

7cm 라메킨 4개

미리 준비하기

- 오븐은 140℃로 예열해둡니다.

NOTE

- 보늬밤 대신 당절임한 콩이나 팥, 건조 무화과 등을 넣어도 차이 커스터드 크림과 잘 어울려요.
- 크렘 브륄레는 먹기 직전에 설탕을 그슬려 캐러멜 층을 만들어야 바삭하게 깨뜨려 먹을 수 있어요. 캐러멜 층을 만들고 나서 그대로 놔두면 눅눅해지니 바로 먹지 않을 경우에는 캐러멜 층을 만들기 전에 밀폐 용기에 넣어 냉장 보관하세요.

만드는 법

1 내열 쟁반에 키친타월을 깔고 라메킨을 올려놓습니다.

2 보늬밤을 1cm 정도 크기로 잘라 라메킨 바닥에 깔리도록 넣습니다.

3 밀크팬에 분량의 차이 밀크티 재료를 모두 넣고 약한 불에 올려 밀크팬 가장자리에 작은 기포가 생기고 찻잎이 펼쳐질 때까지 살짝 끓인 뒤 불을 끕니다.

4 5분간 우린 뒤 재료를 체에 거르고 식혀둡니다.

5 볼에 달걀노른자와 설탕, 바닐라에센스를 넣고 거품기로 섞다가 4번의 밀크티를 조금씩 넣으며 골고루 섞어 차이 커스터드 크림을 만듭니다.

6 차이 커스터드 크림 반죽을 라메킨에 부어 80% 정도 채웁니다.

7 쟁반에 라메킨의 반 정도 높이까지 차도록 따뜻한 물을 부은 뒤 라메킨 위를 호일로 덮습니다.

tip 쟁반에 따뜻한 물을 붓고 구우면 크림이 빠르고 부드럽게 익어 입안에서 부드럽게 퍼지는 식감으로 완성됩니다.

8 140℃로 예열한 오븐에 넣고 20~25분간 구운 뒤 실온에서 완전히 식혀 냉장고에 잠시 넣어둡니다.

9 차가운 차이 커스터드 크림 위에 설탕을 뿌리고 토치로 설탕을 그슬려 캐러멜 층을 만듭니다. 이 과정을 한 번 더 반복하여 더욱 바삭한 캐러멜 층을 만들면 완성입니다.

밀크티 그라니타

milk tea granita

그라니타는 음료를 얼려 으깨어 먹는 이탈리아의 아이스 디저트예요.
밀크티로 그라니타를 만들면 포슬포슬한 얼음 알갱이가 청량감을 주어
더욱 시원하게 밀크티를 즐길 수 있답니다.

재료 로열 밀크티 (p.64)

만드는 법

1 냉동 보관이 가능한 쟁반에 로열 밀크티를 붓고 냉동실에 넣어 1시간 정도 얼립니다.
2 밀크티를 냉동실에서 꺼내 포크로 가볍게 긁어줍니다.
3 밀크티를 다시 1시간 정도 냉동실에 넣어 얼렸다가 꺼내 포크로 긁는 과정을 2~3번 반복한 뒤, 냉동실에 넣어 완전히 얼립니다.
4 차갑게 준비한 잔에 그라니타를 담으면 완성입니다.

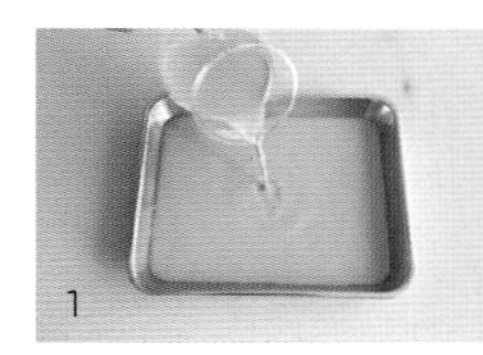
1

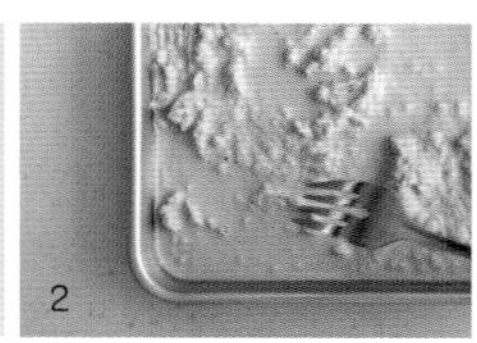
2

3

NOTE

- 그라니타에 들어가는 밀크티는 끓여서 만들어 맛과 향이 진한 밀크티를 사용하는 것이 좋습니다. 얼린 액체는 입안에서 녹기 전까지 본연의 맛이 잘 느껴지지 않기 때문에 밀크티의 맛이 진해야 입에 넣자마자 본연의 밀크티 맛이 잘 느껴집니다.

초콜릿 크랜베리 스콘

chocolate cranberry scone

초콜릿과 크랜베리를 넣어 달콤함과 상큼함을 더한 스콘이에요.
홍차뿐만 아니라 밀크티와도 정말 잘 어울린답니다.

재료

건크랜베리 40g
럼 적당량
박력분 200g
베이킹파우더 10g
설탕 20g
소금 약간
무염버터 100g
플레인요거트 80g
생크림 30g
초콜릿칩 40g

분량

길이 10cm, 8개

미리 준비하기

- 버터는 차가운 상태로 준비합니다.
- 오븐팬 위에 테프론시트지를 깔아둡니다.
- 오븐은 180℃로 예열해둡니다.

NOTE

- 건크랜베리를 럼에 절여 사용하면 오븐에 넣고 구워도 단단해지지 않아요.
- 생크림과 버터의 풍미는 견과류와도 잘 어울리기 때문에 초콜릿 대신 다양한 견과류를 넣어 만들어도 좋아요.
- 구운 스콘은 밀폐 용기에 담아 빛이 들지 않는 서늘하고 건조한 곳에서 2~3일간 보관이 가능해요. 오랫동안 보관했다가 드시려면 완전히 식힌 스콘을 각각 랩으로 잘 감싸서 밀폐 용기에 담은 뒤 냉동 보관했다가 꺼내서 토스터에 한 번 더 구우면 따뜻하고 촉촉하게 드실 수 있어요.
- 여러 가지 재료를 넣은 스콘은 새콤달콤한 맛의 잼보다는 부드러운 크림치즈나 클로티드 크림이 잘 어울려요.

만드는 법

1 볼에 건크랜베리와 럼을 넣고 30분 정도 절인 뒤 남은 럼을 따라냅니다.

2 푸드프로세서에 박력분, 베이킹파우더, 설탕, 소금을 넣고 버터를 잘게 잘라 넣어 섞습니다.

3 다른 볼에 2번을 넣고 플레인요거트와 생크림을 넣어 날가루가 보이지 않을 정도로만 주걱으로 살살 섞습니다.

4 반죽에 초콜릿칩과 절인 크랜베리를 넣고 주걱으로 골고루 섞어 한 덩어리로 뭉칩니다.

tip 한 덩어리로 뭉칠 때 손으로 작업하면 손의 열 때문에 버터가 녹아서 반죽이 질어지고 구웠을 때 단단해질 수 있으니 아주 빠르게 작업합니다.

5 뭉친 반죽을 비닐봉투에 담아 냉장고에 넣고 30분 정도 휴지합니다.

6 휴지한 반죽을 도마에 올려 2cm 정도의 두께로 둥글납작하게 만들고 8등분으로 자릅니다.

7 오븐팬 위에 반죽을 올리고 180℃로 예열한 오븐에 넣어 10분간 구우면 완성입니다.

초콜릿 호두 크런치

chocolate walnut crunch

구워서 한층 더 고소해진 호두에 캐러멜과 초콜릿으로 달콤함을 더했습니다.
초콜릿은 베리류의 과일과 잘 어울려서 과일을 넣은 밀크티에 곁들이면 더욱 맛있어요.

재료

설탕 40g
물엿 30g
호두 50g
다크초콜릿 50g

미리 준비하기

- 쟁반 위에 유산지를 깔아둡니다.
- 오븐은 180℃로 예열해둡니다.

만드는 법

1 180℃로 예열한 오븐에 호두를 넣고 5~7분간 굽습니다. 굽는 중간에 한 번 뒤집습니다.

tip 팬에 넣고 중간 불에 올려 고소한 향이 올라올 때까지 볶아도 괜찮습니다.

2 밀크팬에 설탕과 물엿을 넣고 약한 불에 올려 설탕이 녹을 때까지 끓인 뒤, 설탕이 다 녹으면 중간 불로 올려 갈색이 날 때까지 끓입니다.

3 캐러멜이 완성되면 불을 끄고 바로 호두를 넣어 골고루 버무립니다.

tip 차갑게 식은 호두를 넣으면 뜨거운 캐러멜이 갑자기 식어서 호두를 섞기 전에 캐러멜이 굳을 수 있기 때문에 호두를 따뜻하게 유지하는 것이 좋습니다.

4 쟁반에 캐러멜리제한 호두를 붓고 펼친 뒤 실온에서 완전히 식힙니다.

5 식힌 호두를 1cm 정도 크기로 잘라두고, 초콜릿은 볼에 넣고 중탕하여 완전히 녹입니다.

6 녹인 초콜릿에 호두를 넣고 골고루 버무린 뒤 쟁반에 부어 평평하게 펼칩니다. 그다음 냉장고에 넣어 완전히 굳히면 완성입니다.

NOTE

- 초콜릿 호두 크런치는 밀폐 용기에 담아 빛이 들지 않는 서늘하고 건조한 곳에서 1주일간 보관이 가능해요.

또우화

또우화(豆花)는 중국, 대만, 홍콩 등지에서 즐겨먹는 디저트예요.
연한 두부 위에 시럽을 뿌리고 땅콩을 얹거나 다양한 토핑을 얹어
먹을 수 있어 영양 간식으로도 손색이 없답니다.

재료

무가당 두유(또는 아쌈 우유) 250g
물 25g
젤라틴 5g
흑설탕시럽 30g (p.41)
토핑용 단팥
토핑용 구운 땅콩
토핑용 당절임 콩

미리 준비하기

- 젤라틴은 얼음물에 20분 정도 담가 불려둡니다.
- 41페이지를 참고해 흑설탕시럽을 만들어둡니다.

NOTE

- 땅콩은 볶은 땅콩으로 구입했더라도 한 번 더 바삭하게 볶거나 180℃로 예열한 오븐에 넣고 5~8분 정도 구워서 수분을 없애면 끝까지 바삭하게 드실 수 있어요.

만드는 법

1 밀크팬에 무가당 두유와 물을 넣고 약한 불에 올려 밀크팬 가장자리에 작은 기포가 생기면 불을 끕니다.

2 미리 불려둔 젤라틴을 꽉 짜서 밀크팬에 넣고 주걱으로 저으면서 녹입니다.

3 2번을 밀폐 용기에 담고 실온에서 완전히 식힌 뒤 냉장고에 넣어 6~8시간 이상 굳힙니다.

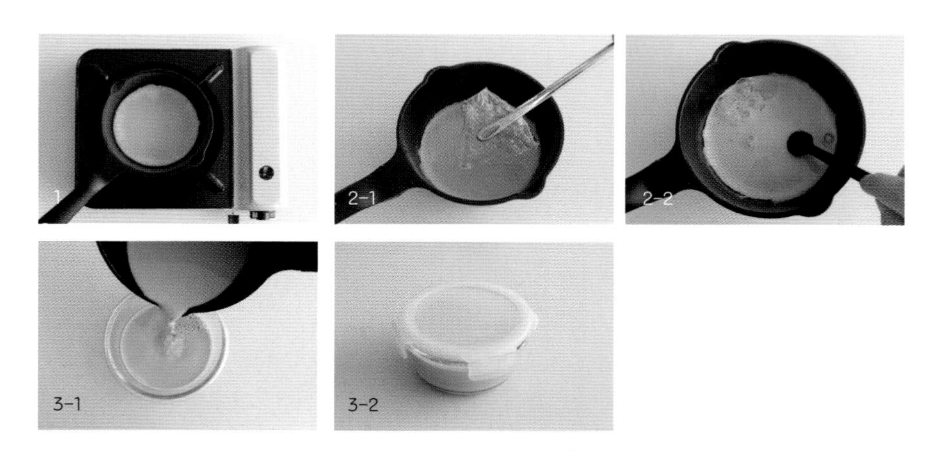
1
2-1
2-2
3-1
3-2

4 굳힌 또우화를 숟가락으로 떠서 오목한 그릇에 반 정도 채웁니다.

5 또우화 위에 흑설탕시럽과 토핑용 단팥, 구운 땅콩, 당절임 콩을 얹으면 완성입니다.

밀크티와 티푸드로 즐기는 나만의 홈카페

사계절 밀크티 시간

초 판 발 행 일	2019년 12월 05일
발 행 인	박영일
책 임 편 집	이해욱
저 자	이주현
편 집 진 행	박소정
표 지 디 자 인	김도연
편 집 디 자 인	신해니
발 행 처	시대인
공 급 처	(주)시대고시기획
출 판 등 록	제 10-1521호
주 소	서울시 마포구 큰우물로 75 [도화동 538 성지 B/D] 9F
전 화	1600-3600
팩 스	02-701-8823
홈 페 이 지	www.sidaegosi.com
I S B N	979-11-254-6529-4
정 가	14,000원

시대인은 종합교육그룹 (주)시대고시기획 · 시대교육의 단행본 브랜드입니다.